PHÉNOMÈNES DE CONTACT DE LA LHERZOLITE

ET DE

QUELQUES OPHITES DES PYRÉNÉES

PAR

M. A. LACROIX

Professeur de Minéralogie au Muséum d'Histoire naturelle.

INTRODUCTION

Depuis six ans, je poursuis l'étude des gisements de lherzolite des Pyrénées. Dès ma première année de courses, j'ai découvert sur l'histoire géologique et minéralogique de cette roche un grand nombre de faits intéressants et nouveaux qu'ont augmentés et confirmés mes recherches ultérieures. J'ai attendu jusqu'à cette année pour en publier les résultats [1], espérant toujours trouver au sujet de l'âge de cette roche des documents plus précis que ceux qui vont être exposés plus loin.

J'ai consacré une partie de ma campagne de cet été à voir ou à revoir tous les gisements de la chaîne dans lesquels la lherzolite a été signalée. Grâce à une installation appropriée, j'ai pu rester pendant plusieurs jours dans la plupart d'entre eux, suivant minutieusement et pas à pas les contours des moindres affleurements de lherzolite pour chercher ses relations avec les roches voisines. J'ai ainsi découvert une nombreuse série de contacts de la lherzolite et des assises du jurassique inférieur dans lesquels ces dernières présentent des phénomènes métamorphiques des plus remarquables, me permettant de constituer de toutes pièces l'histoire du métamorphisme dû à la lherzolite sur lequel on n'avait jusqu'à présent aucune donnée précise.

Malheureusement, la question géologique ne peut être résolue d'une façon aussi satisfaisante ; les calcaires secondaires au milieu desquels se rencontre toujours la lherzolite, sont à peu près complètement dépourvus de fossiles, et les limites supérieure et inférieure entre lesquelles s'est produite l'intrusion de la roche éruptive ne peuvent être établies avec toute la précision que j'aurais désirée.

---

[1] J'ai cependant pris date pour quelques-uns d'entre eux dans une courte note publiée en 1892 dans les *C.-Rendus*, CXV, 971.

Dans le cours de cette année et avant ma campagne d'été, j'ai donné aux *Nouvelles Archives du Muséum* [1] un mémoire minéralogique sur la lherzolite des Pyrénées, dans lequel, en faisant connaître quelques phénomènes de contact, j'ai particulièrement étudié la composition minéralogique de cette roche éruptive et d'une nombreuse série de roches basiques que j'ai découvertes en filons au milieu d'elle.

La **Première partie** du présent mémoire est consacrée à *l'étude géologique de la lherzolite* et surtout à *la description de ses phénomènes de contact*. J'y ai en outre brièvement résumé mon travail antérieur, auquel je renvoie pour tout ce qui concerne les détails minéralogiques, l'historique et la bibliographie de la question.

La **Deuxième partie** est destinée à prendre date au sujet des *phénomènes de contact des ophites*. On sait que les roches vertes désignées dans les Pyrénées sous le nom d'ophites, sont des diabases ou des gabbros plus ou moins basiques, à structure ophitique, qui sont toujours plus ou moins ouralitisés. Si depuis les travaux de M. Michel Lévy [2], la composition et la structure de ces roches sont bien connues, l'accord est loin d'être fait sur leurs conditions de gisement et sur leur âge. Je ne veux point pour l'instant aborder ici cette question et je me bornerai strictement à étudier quelques-uns de leurs phénomènes de contact qui offrent une remarquable analogie avec ceux de la lherzolite.

La **troisième partie** enfin comprend le résumé et les conclusions auxquelles conduit l'étude des phénomènes métamorphiques décrits dans ce mémoire.

En parcourant ces quelques pages, le lecteur n'aura pas de peine à se convaincre que les Pyrénées françaises constituent un champ merveilleux pour l'étude du métamorphisme de contact. J'en donnerai incessamment une nouvelle preuve en décrivant les phénomènes de contact du granite et des terrains paléozoïques.

---

[1] *Nouvelles Archives du Muséum*. Paris, Masson. 3e série, VI, 209 à 308, pl. 5 à 10, 1894.
[2] *Bull. Soc. géol.*, 3e série, VI, 156, 1877.

Paris, 1er Novembre 1894.

Lherzolite de l'étang de Lherz
recouverte par la brèche calcaire du Jurassique supérieur du pic de Montbeas

PREMIÈRE PARTIE

———

LHERZOLITES

———

CHAPITRE PREMIER

DISTRIBUTION GÉOGRAPHIQUE

Les gisements pyrénéens de lherzolite s'observent dans l'Aude, l'Ariège, la Haute-Garonne, les Hautes et les Basses-Pyrénées, sur les *feuilles de Foix, de Bagnères et de Tarbes*, mais les principaux d'entre eux se trouvent dans l'Ariège (*feuille de Foix*) et dans la Haute-Garonne (*feuille de Bagnères*).

§ 1. — Feuille de Foix.

Les gisements de l'Aude et de l'Ariège sont tous sur la feuille de Foix ; ils ne sont pas isolés, mais sont groupés en essaims, formés de pointements qui souvent doivent être considérés comme des parties d'une même masse profonde, mises au jour par les érosions ayant enlevé le manteau calcaire qui les recouvrait. Ils forment les deux grands groupes suivants :

Groupe de Prades. — Ces gisements se trouvent au nord-ouest du village de Prades et couronnent la haute Serre séparant le plateau de Prades du ravin de l'Ourza. Le sommet du pic de Géralde et les crêtes qui dominent le ravin du Boudigous et du Basqui sont formés par de la lherzolite.

Plus à l'est, dans le talus gauche de la route de Prades à Belcaire, se trouve un pointement de quelques mètres carrés, que j'ai visité sur les indications de M. de Lacvivier[1]; c'est le seul gisement situé dans le département de l'Aude. Il est à la frontière de l'Ariège et tout près du point de jonction des feuilles de Foix et de Quillan.

Au S.-O. du pic de Géralde, un des contreforts des rochers de Caussou renferme plusieurs pointements de lherzolite qui forment le fond du ravin du bois du Fajou, ravin qui se termine sur le chemin du col de Marmare à Caussou et à

[1] *Bull.* n° 31, p. 14.

environ 1,200 m. avant ce village. Au-dessus de ce chemin et à 500 m. au N. E.
du ravin dont il vient d'être question, il existe un petit pointement de lherzolite, en partie formé par un type riche en hornblende.

Un gisement de la même importance s'observe à l'ouest de Caussou et un peu
avant le village de Bestiac, au lieu-dit Sabena.

Enfin, plus au nord-ouest, Leymerie a signalé[1] au S.-E. du roc d'Appi une
lherzolite que je n'ai pu trouver, mais à l'endroit indiqué, j'ai constaté la
présence d'une grande quantité de blocs d'ophite.

A quelques kilomètres de là, entre les communes de Vernaux et de Lordat, se
rencontrent des calcaires noirs profondément métamorphisés et de la même façon que ceux que j'ai observés dans le bois du Fajou au contact de la lherzolite ; il est probable que cette dernière roche doit exister à proximité dans
quelque point non érodé.

Groupe Vicdessos-Lherz. — Les gisements de ce groupe sont les plus importants de l'Ariège. En allant de l'est à l'ouest. on trouve tout d'abord la lherzolite
au sud de la vallée de Vicdessos, à la croix de Sainte-Tanoque sur le coteau qui
domine au nord-ouest le village de Lercoul ; un autre gisement se rencontre un
peu au dessous du village de Sem, sur la rive droite du ravin que longe le chemin muletier de la mine de Rancié.

M. Mussy a signalé[2] en outre la lherzolite au col de Rancié sur le chemin de
Sem à Lercoul, au col de Risoult et à la pointe de Berquié qui domine au sud
le village de Vicdessos ; les roches éruptives dont il s'agit sont des *ophites* et
non des lherzolites ; le gisement du col de Rancié se prolonge jusqu'au-dessus de
Lercoul.

Au nord de Vicdessos et au voisinage immédiat du bourg se trouve le pointement de Porteteny ; il en existe plusieurs autres sur le territoire d'Orus, mais
à proximité de Vicdessos dans le quartier de Fontanabouche, aux Roujos et
dans le ravin de Nadaliss, qui domine Vicdessos et se termine au petit col del
Picouder. Tous ces pointements me paraissent provenir de la même masse
profonde.

Quant à la roche signalée comme lherzolite par M. Mussy au-dessus du chemin allant du village de Saleix au port du même nom, elle est formée par une
ophite.

D'importants gisements se trouvent. au milieu de la forêt de Freychinède,
dans les contreforts du pic de Gréoula et du pic de Taupe-d'Ours qui dominent
la rive droite de la vallée de Suc. Ces gisements sont coupés par le chemin
forestier. Le premier d'entre eux. peu important du reste, s'observe à une bi-
furcation du chemin au-dessus du lieu dit Rampon ; mais les plus considérables
se rencontrent au rocher de l'Escougeat près d'une maison de garde et au des-
sus de la tourbière de Bernadouze.

Dans la forêt de Freychinède, il existe, en outre, un ou plusieurs pointements

[1] *Bull. Soc. géol.*, 2e série, XX, 1863.
[2] *Texte explicatif de la carte géologique de l'Ariège.* Foix, 1870, 139.

d'*ophites* recouverts par la végétation et mis à découvert en quelques points par le chemin forestier.

La vallée de Suc se termine au port de Massat (ou port de Suc), qui la fait communiquer avec la vallée de Massat par l'intermédiaire du ravin du Bastard. Celui-ci, orienté S.E.-N.O., est dominé au sud par des crêtes calcaires qui vont rejoindre le pic de Montbéas ; elles envoient vers le nord des prolongements qui limitent des ravins secondaires déversant leurs eaux dans le ravin du Bastard (ravins de Lherz, de l'Homme Mort, de la Plagnole et de la Piède). Dans ces petits ravins et au milieu des arêtes calcaires qui les encaissent, se trouvent de nombreux pointements de lherzolite : les uns n'ont que quelques mètres carrés, les autres, au contraire sont assez importants : celui du pic de la Fontète Rouge forme des rochers de plusieurs centaines de mètres de hauteur.

Tous ces pointements lherzolitiques me paraissent provenir du décapement de la même masse profonde que celle de l'étang de Lherz. Au sud de cet étang, la lherzolite forme des éminences limitées au sud par le ravin d'Artigou et la fin du vallon de Girantos. Elle a environ 2.200 m., dans la direction S.E.-N.O., sur 800 m. du nord au sud ; elle disparaît à l'ouest sous les calcaires blancs du pic de Montbéas (pl. I).

§ II. — **Feuille de Bagnères.**

J. de Charpentier a signalé la lherzolite aux environs de Portet-d'Aspet (Haute-Garonne) ; la roche éruptive de cette localité est en réalité formée par une *ophite*, mais plus à l'est et sur le territoire de Coulédoux, la lherzolite constitue le piton du Tuc d'Ess, auquel est adossé le hameau du Portillon. Elle domine la route de Sengouagnet à Portet et se termine à la région boisée au pied de laquelle passe cette route. Du côté de Coulédoux, elle est en contact avec une *ophite* qui paraît être sur le prolongement de celles du col de Menté et de Lez. Je dois à l'obligeance de M. Roussel un échantillon de lherzolite, indiqué comme provenant du col de Menté. Dans l'excursion, très rapide il est vrai, que j'ai faite à ce col, je n'y ai vu que de l'*ophite*.

Massif de Moncaup-Arguénos. — Leymeric a signalé le premier[1] ce massif compris entre les villages d'Arguénos, de Moncaup et de Cazaunous (Haute-Garonne). Il a 3.300 mètres du S. O. au N. E. sur environ 1.500 mètres de largeur ; le pic du Gars le domine au S. O., la montagne du Cagire au S. E. Sur la rive gauche du petit ruisseau du Jop, j'ai observé une *ophite* à proximité de lherzolite.

---

[1] *Mém. Acad. sc. lettres de Toulouse, 7e série, III, 1871.*

§ III. — **Feuille de Tarbes.**

A environ 2 km. au sud de Bagnères-de-Bigorre (Hautes-Pyrénées), M. E. Frossard a trouvé [1] dans les carrières de Médoux des fragments de serpentine au milieu d'une brèche calcaire jurassique. Dans la partie inférieure de la carrière, M. Ch. Frossard a même recueilli des fragments d'une brèche presque exclusivement formée de fragments de serpentine et tout à fait analogue comme structure aux brèches lherzolitiques de Lherz, qui seront décrites plus loin.

L'examen microscopique montre que ces serpentines proviennent de la transformation de lherzolite, et d'après tout ce que j'ai observé dans l'Ariège, il me semble probable qu'il doit exister un pointement lherzolitique à quelques mètres seulement au-dessous du niveau actuel de la carrière ; celle-ci est malheureusement inexploitée, ce qui rend impossible la vérification de cette hypothèse.

Dans l'angle S. O. de la feuille de Tarbes, il existe un intéressant gisement de lherzolite, à la limite des communes de Louvie-Juzon et de Bruges (Basses-Pyrénées). La lherzolite forme le petit monticule du Moun caou, qui se dresse au milieu d'un vaste cirque dominé par le pic de Merdanson, le pic Durban, le sommet de Quiala, etc. Il est limité par des ravins qui viennent déboucher dans le ruisseau le Bazet.

Depuis la création de l'établissement thermal de M. J. Ort (bains de Durrieu), à deux kilomètres environ au nord du Moun caou [2], il est facile de visiter ce gisement peu connu.

M. des Cloizeaux [3] a signalé auprès du col de Lurdé (*Feuille de Lus*) l'existence d'une lherzolite ; d'après les échantillons que je dois à la bienveillance de mon savant maître, cette roche est une *diabase à olirine et à structure ophitique* qui, malgré ses caractères extérieurs, doit être nettement distinguée de la lherzolite.

---

[1] *Bull. Soc. Ramond*, IV, 30, 1869.

[2] Cette lherzolite a été brièvement décrite par M. Kühn (*Zeitschr. d. d. geol. Gesellsch.*, XXXIII, 398, 1881), d'après un échantillon qui lui a été envoyé par M. Genreau. M. Kühn indique comme localité Saint-Pé-de-Hourat. Il n'existe pas de localité portant ce nom, mais le Moun caou se trouve à environ 4 km. au sud du hameau de Hourat ou Pé-de-Hourat (commune de Louvie-Juzon) ; son nom n'est pas indiqué sur la carte d'Etat-major, pas plus, du reste, que celui des bains de Durrieu, dont le propriétaire, M. J. Ort, a bien voulu obligeamment me servir de guide au mois de septembre dernier.

Dans le mémoire précité, M. Kühn décrit un échantillon de lherzolite provenant de Bouloc (Basses-Pyrénées). Je n'ai pu trouver la position de cette localité sur aucune carte ; il existe bien un village appelé Bouloc, situé sur la lisière Est du massif du Labourd, mais à ma connaissance, la lherzolite ne s'y rencontre pas.

[3] *Bull. Soc. géol.*, 2° série, XIX, 418, 1882.

CHAPITRE II

CONDITIONS DE GISEMENT ET AGE DE LA LHERZOLITE

Les conditions de gisements de la lherzolite de l'Ariège sont remarquablement identiques partout où cette roche peut être observée. Elle se rencontre exclusivement dans les massifs calcaires désignés par J. de Charpentier sous le nom de calcaire primitif et presque toujours sur leur lisière, non loin des granites ou schistes cristallins qui leur servent de substratum.

§ I. — Constitution stratigraphique des régions de l'Ariège où se rencontre la lherzolite

Je n'ai aucune notion personnelle à apporter au sujet de l'âge des calcaires des régions lherzolitiques. Je m'appuie donc pour cette question sur les opinions formulées par les géologues qui l'ont particulièrement étudiée et qui, pour l'Ariège, sont mes collègues, MM. de Lacvivier et Roussel.

La composition moyenne des assises calcaires des régions lherzolitiques de l'Ariège (Prades, environs de Viedessos et de Lherz) est la suivante en partant de la base, le substratum étant suivant les gisements, le granite, le gneiss ou les schistes paléozoïques :

A. Brèche calcaire renfermant des fragments des roches anciennes lui servant de substratum.

B. Calcaires gris ou noirs alternant avec des calcschistes, des schistes argileux ou des schistes gréseux.

C. Dolomies noirâtres et calcaires blancs souvent bréchiformes à divers niveaux.

M. de Lacvivier [1] considère la brèche inférieure (non fossilifère) comme représentant le *lias inférieur* et telle est également l'opinion de M. Roussel [2].

La deuxième série de couches est mieux caractérisée ; en divers points en effet des fossiles y ont été rencontrés. Dufrénoy a notamment trouvé au col d'Agnet, près de Lherz, le *pecten æquivalcis*, accompagné de bélemnites, de térébratules, etc. M. de Lacvivier a trouvé ces mêmes fossiles au pic de Montbéas près de l'étang de Lherz, il les considère comme appartenant au *lias moyen*.

[1] *Bull.* n° 31, 1892, p. 14.
[2] *Bull.* n° 35, 1893, chapitre V.

Dans une course commune au port de Saleix, nous avons, ce savant[1] et moi, recueilli dans les calcaires noirs de ce niveau d'assez nombreux fossiles, de grands pectens (*pecten œquivalvis?*) des bélemnites et de nombreux fragments d'acéphales. Malheureusement ces fossiles sont indéterminables et dans de nouvelles courses effectuées cette année, j'ai vainement cherché des échantillons en meilleur état de conservation.

Le faciès pétrographique des roches constituant l'étage B est tout à fait analogue à celui des calcaires liasiq .es fo-silifères de p'usieurs points de l'Ariège. M. Roussel attribue ces calcaires marneux soit au *lias moyen* soit au *lias supérieur*.

Le troisième étage, entièrement dépourvu de fossiles, est regardé par M. de Lacvivier comme représentant le *corallien* d'Hébert, tandis que M. Roussel y distingue deux niveaux, l'un inférieur en grande partie formé par des dolomies noires fétides ou des calcaires bréchiformes représentant *toute l'oolithe*, alors que la partie supérieure souvent aussi bréchiforme serait l'équivalent du *néocomien*. Ce géologue reconnaît du reste que dans diverses parties de l'Ariège et notamment dans la région située à l'ouest de Vicdessos. qui nous intéresse particulièrement ici, la division précédente ne peut être faite avec précision.

§ II. — **Age de la lherzolite**.

D'après l'opinion généralement admise par les géologues qui ont étudié les Pyrénées, la lherzolite serait postérieure à toutes les formations qui viennent d'être énumérées.

Dès mes premières excursions à l'étang de Lherz et dans la vallée de Suc, j'ai été frappé de l'absence de phénomènes métamorphiques dans les calcaires de la série supérieure (C) en contact avec la lherzolite et de l'existence de galets de lherzolite dans ces calcaires, cette dernière constatation impliquant d'une façon nécessaire la postériorité de ces calcaires par rapport à la roche éruptive. A la suite de courses communes, M. de Lacvivier qui avait autrefois défendu l'opinion contraire se rallia à cette manière de voir et l'exposa dans le *Bulletin* n° 31.

En étudiant en grand détail la périphérie de tous les pointements lherzolitiques actuellement connus dans les Pyrénées, j'ai découvert dans la plupart d'entre eux le contact de la lherzolite avec des assises calcaires, argilocalcaires, calcaréo-siliceuses, ou gréseuses que je crois pouvoir attribuer au lias, étage B ; ces roches présentent des modifications des plus remarquables dont l'étude constitue la plus grande partie de ce mémoire.

Je me propose dans ce chapitre de démontrer l'origine intrusive de la lherzolite, sa postériorité au lias et son antériorité à la base de la brèche du jurassique supérieur.

---

[1] *Bull.* n° 31, p. 16.

a. *Origine intrusive de la lherzolite.* — L'origine éruptive de la lherzolite n'a jamais été démontrée d'une façon rigoureuse. On verra plus loin que la brèche lherzolitique regardée par Cordier comme une brèche ignée contemporaine de l'arrivée de la roche éruptive à une origine tout autre.

Par contre, les phénomènes de contact si remarquables qui seront étudiés en détail démontrent à l'évidence la nature éruptive de la lherzolite ; j'ai relevé plusieurs coupes qui font voir en outre que la lherzolite n'est pas venue au jour, mais a fait intrusion au milieu des couches qu'elle a métamorphisées.

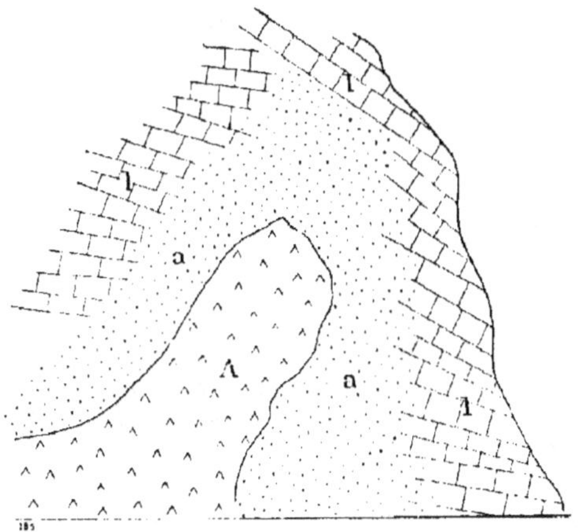

Fig. 1. — Bosse intrusive de lherzolite (λ), au milieu du calcaire noir liasique (*l*), qui au contact immédiat (*a*) a perdu sa schistosité et a été transformé en un calcaire blanc à très grands éléments, riche en microcline, amphibole, mica, dipyre, etc.

Dans le deuxième ravin que l'on trouve à main droite en allant du village de Prades au sommet 1711 de la carte d'état-major, constitué par la lherzolite, on peut voir très facilement le contact de la lherzolite avec une série de calcaires cristallins et de schistes noirs, fortement transformés. A 150 mètres environ du haut du ravin et sur son flanc gauche, j'ai rencontré une protubérance de lherzolite ayant environ 12 mètres de diamètre, pénétrant au milieu des calcaires et les disloquant fortement (fig. 1) Au contact immédiat, les calcaires perdent toute trace de schistosité, ils sont blancs à très grands éléments et renferment d'énormes cristaux de hornblende noire, des lames de biotite de plus d'un centimètre de diamètre, du dipyre, du microcline, etc., alors qu'à quelques mètres de là, les mêmes minéraux développés dans les calcaires noirs régulièrement rubanés et stratifiés ont à peine quelques millimètres (voir chapitre V, § I.)

La photographie reproduite Planche II montre la lherzolite du bois du Fajou (fond nord-ouest du ravin) en contact avec les calcaires métamorphisés ; ceux-ci ont été relevés, redressés, pénétrés et bouleversés ; ils s'appuient sur la lherzolite à laquelle ils forment une enveloppe grossièrement concentrique. Le contact a eu lieu perpendiculairement à la schistosité du calcaire (voir chap. V, § II.)

Au-dessus de Vicdessos et sur le versant du petit col del Picouder qui regarde Sentenac, j'ai relevé la coupe ci-jointe (fig. 2), montrant une bosse de lherzolite d'environ 4 m. sur 7 m. qui a pénétré entre les strates calcaires et les a fortement disloquées. A son contact immédiat, le calcaire est devenu bréchiforme, et les modifications métamorphiques sont intenses aussi bien au toit qu'au mur de cette petite masse intrusive (voir chap. V, § V.)

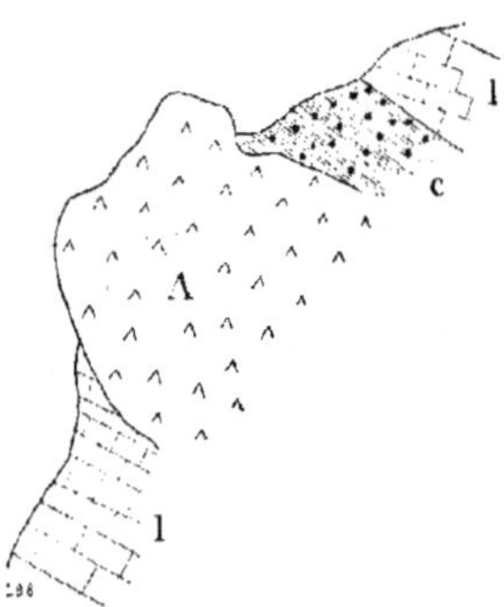

Fig. 2. — Bosse intrusive de lherzolite (A) [col del Picouder] au milieu des calcaires liasiques (*l*) riches en minéraux métamorphiques. En *c* des couches argilo-calcaires ont été transformées en *cornéennes*.

A la Fontête rouge près de Lherz, j'ai découvert un fort beau contact dont une photographie a été reproduite dans la Planche III. Il a eu lieu obliquement à la stratification des couches calcaires. Au contact immédiat s'observe une zone de quelques centimètres qui à l'œil nu peut être prise pour une brèche lherzolitique, mais qui en réalité est formée par la trituration de la roche sédimentaire; sa coloration jaune est due à des produits ferrugineux secondaires. Au-delà de cette zone, la roche sédimentaire est formée par une alternance de calcaires et de lits silicatés correspondant à des roches originairement argileuses. A une petite distance de la lherzolite, les lits silicatés sont brisés, disjoints et la roche offre l'apparence d'une brèche d'une nature particulière, résultant de l'écrasement d'un milieu non homogène. Au moment de l'intrusion de la lherzolite et pendant que la transformation des roches sédimentaires s'effectuait, les lits silicatés rigides se sont rompus, alors que le calcaire plus plastique s'écoulait entre les fragments disloqués : ceux-ci n'ont pas subi de très grands déplacements. Ce même contact est visible sur le versant Est du pic de la Fontête rouge au fond du ravin de l'Homme Mort, on y voit la lherzolite recouvrir les roches métamorphiques (fig. 3).

Dans le même gisement, j'ai observé de petites apophyses de la masse lherzolitique qui ont pénétré au milieu des calcaires et y ont déterminé des déformations mécaniques et des transformations minéralogiques des plus intenses (voir chap. V, § VIII. A).

Des brèches analogues se rencontrent sur le revers sud du massif lherzolitique de l'étang de Lherz (voir chap. V, § VIII. E).

Les observations stratigraphiques qui précèdent démontrent l'origine intrusive de la lherzolite ; on peut y ajouter des arguments pétrographiques. Cette roche en effet possède une structure holocristalline et grenue, impliquant un refroidissement lent qui est en outre rendu probable par l'absence complète de modification de structure au contact de la roche éruptive et des couches qu'elle a bouleversées. L'abondance des inclusions liquides dans plusieurs des minéraux constituant la lherzolite indique en outre que cette roche s'est consolidée sous pression.

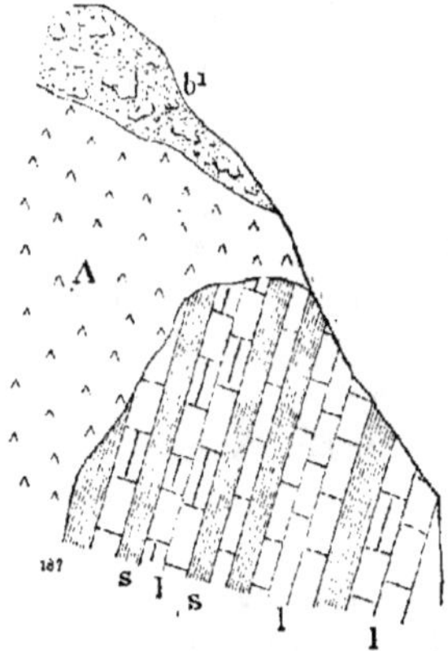

Fig. 3. — Contact de la lherzolite (A) et des assises liasiques très métamorphisées, constituées par une alternance de calcaires cristallins (l), de schistes micacés et de cornéennes (s). La lherzolite est recouverte par la brèche entièrement lherzolitique. (b¹) [Abrupts sud-ouest du ravin de l'Homme mort].

b. *Situation des gisements de lherzolite.* — La situation de tous les gisements de lherzolite sur le bord des massifs calcaires et par suite à peu de distance des roches anciennes serait assez inexplicable si cette roche éruptive était postérieure aux calcaires supérieurs qui forment les crêtes, elle se comprend facilement au contraire quand on sait que ces calcaires leur sont postérieurs. Ils forment un manteau sur toute la région et la lherzolite ne peut apparaître que là seulement où l'érosion les a arrachés. Comme la chaîne calcaire de Vicdessos-Lherz est constituée par une arête rocheuse presque rectiligne et dépourvue de profondes coupures transversales, on conçoit sans peine que sur ses bords érodés seulement peuvent apparaître les roches sous-jacentes. Tous les pointements de lherzolite se trouvent sur son flanc nord, alignés suivant la direction de la chaîne. Il me semble probable, comme je l'ai dit plus haut, qu'ils constituent des parties décapées d'une même masse profonde qui, selon toute vraisemblance, se prolonge assez loin sous la montagne, puisque les calcaires liasiques de son revers sud (port de Saleix), situés à 1 km. 5 du pointement apparent le plus rapproché (Bernadouze), présentent des modifications plus intenses que certains bancs de calcaires de Lherz, situés à moins de 500 mètres de la lherzolite.

Dans les ravins calcaires débouchant dans le grand ravin du Bastard, on se rend bien compte de la façon dont les nombreux pointements lherzolitiques du voisinage viennent au jour par suite du démantellement des calcaires qui les recouvrent.

Quelques-uns de ces pointements, comme celui de la Fontète rouge, sont entièrement décapés, ne supportant plus que par places des lambeaux de brèches lherzolitiques, d'autres au contraire, comme ceux que l'on voit sur le flanc gauche du ravin de la Plagnole ne sont dégagés qu'incomplètement et apparaissent çà et là sous la brèche calcaire à blocs de lherzolite : enfin quelques-uns sont simplement soupçonnés en profondeur, grâce à l'existence de galets de lherzolite épars dans la brèche calcaire qui les recouvre.

c. *Détermination de l'âge des calcaires métamorphisés par la lherzolite.* — Les arguments par lesquels je viens d'expliquer la présence de la lherzolite sur les bords seulement du massif calcaire de Vicdessos-Lherz s'appliquent évidemment aux assises sédimentaires inférieures à la brèche du Jurassique supérieur.

Les calcaires dont les transformations métamorphiques seront étudiées plus loin n'apparaissent donc que dans les ravins qui ont entamé la brèche calcaire supérieure.

Partout où il est possible de constater les relations mutuelles des deux roches, on voit la brèche supérieure recouvrir les calcaires noirs métamorphisés et en renfermer des galets. L'existence dans la brèche supérieure de ces galets de calcaires modifiés a une très grande importance, car elle donne une nouvelle démonstration de l'antériorité de la lherzolite à cette brèche. [1]

Les calcaires modifiés peuvent être recueillis dans la brèche supérieure, surtout dans les divers gisements de la région de Lherz.

La limite supérieure de ces calcaires étant établie, reste à rechercher leur limite inférieure.

Au port de Saleix j'ai relevé la coupe suivante (fig. 4), dans laquelle on voit des calcaires noirs, identiques à ceux de Lherz et offrant les mêmes modifications, recouverts par la brèche supérieure et reposant sur la brèche inférieure. Celle-ci a pour substratum le gneiss, mais de l'autre côté du port, sur le versant regardant Aulus, on la voit reposer sur les schistes et calcschistes paléozoïques (attribués par M. Roussel au permo-carbonifère). Cette brèche est du reste sans aucun doute possible le terme inférieur des terrains secondaires et si en l'ab-

---

[1] Elle montre en outre que là où il n'existe pas de lherzolite au contact immédiat des calcaires métamorphisés comme cela a lieu au port de Saleix, il n'est pas possible de mettre sur le compte d'un dynamométamorphisme datant du soulèvement pyrénéen le développement des minéraux, tels que le dipyre, qui y abondent, puisque ces minéraux existaient forcément déjà au moment de la formation de la brèche du jurassique supérieur.

sence des fossiles on ne veut pas se laisser guider par des considérations pétrographiques. on ne peut abaisser son âge au-dessous du *trias*. Les calcaires noirs qui les surmontent appartiennent donc sûrement au *lias* et les fossiles, mal conservés il est vrai, qui s'y rencontrent. font pencher pour le *lias moyen* ; mais comme, d'autre part, ces fossiles ne se trouvent pas exactement au sommet de ces couches, il est possible que la partie supérieure de celles-ci représente le *lias supérieur*.

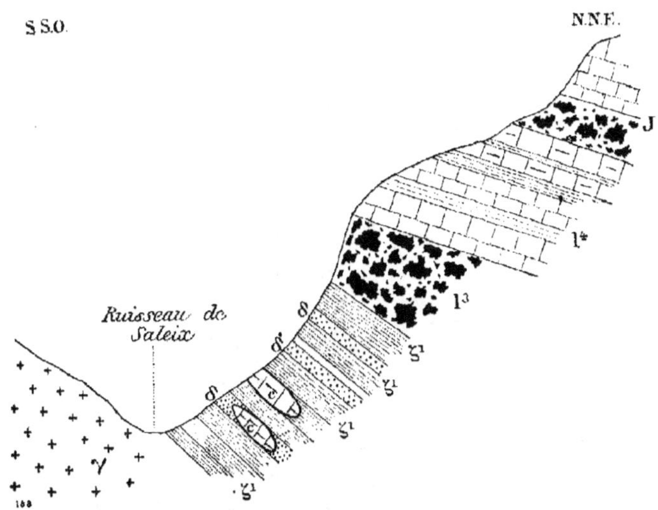

Fig. 4. — Coupe de la vallée de Saleix entre le port et le col.

γ, granite, ζ¹ gneiss, avec intercalations de cipolins (*c*) et d'amphibulites (*δ*). recouvert par la brèche du lias inférieur (*l³*). *l⁴*, calcaires et schistes du lias moyen, J Oolithique débutant par une brèche calcaire. *l³* et *l⁴* sont métamorphisés.

La coupe que j'ai prise pour exemple comme la plus caractéristique ne montre pas la lherzolite. mais je crois qu'à la suite de la lecture du paragraphe consacré à la description des modifications métamorphiques que j'y ai observées (chapitre V, § IX), et à la démonstration de leur identité avec celles de Lherz, le lecteur ne conservera aucun doute sur l'identité des conditions qui ont modifié les roches de ces deux gisements dont la position stratigraphique est identique. Comme je l'ai fait remarquer plus haut, la lherzolite s'observe à 1 km., environ du port de Saleix de l'autre côté de la montagne, et il me paraît probable qu'elle constitue dans l'axe de la chaîne calcaire un massif important dont le gisement de Lherz et les nombreux pointements s'échelonnant depuis l'étang jusqu'à la forêt de Freychinède, ne sont que des portions dénudées.

L'identité des calcaires de Prades et de ceux de Lherz et de Saleix semble évidente.

Quant aux autres gisements de la feuille de Foix je ne puis rien affirmer au sujet de leur limite inférieure, n'ayant pas constaté la nature des sédiments qui les supportent. Cependant leur position par rapport aux calcaires supérieurs et les transformations qu'ils ont subies sont tellement identiques à tout ce qui est observé dans les gisements précédents, qu'il n'y a aucune raison pour leur supposer un âge différent.

On peut donc affirmer que *les roches métamorphisées par la lherzolite sont antérieures à la base de la brèche du jurassique supérieure et que quelques-unes d'entre elles sont certainement liasiques* (lias moyen et peut-être lias supérieur), celles dont l'âge n'a pu être fixé plus exactement ne peuvent pas du reste être plus anciennes que le trias.

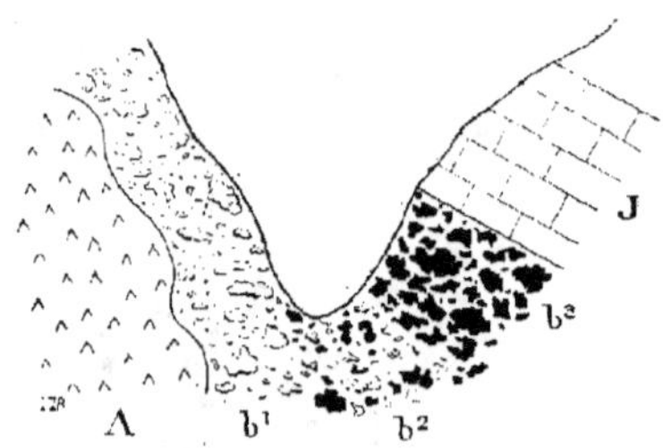

Fig. 5. — Coupe du ravin d'Artigou. — Sur la lherzolite (A), s'observent la brèche exclusivement lherzolitique (b¹), puis la brèche lherzolitique et calcaire (b²) et enfin la brèche exclusivement calcaire qui sert de base au jurassique supérieur (J).

d. *Antériorité de la lherzolite à la base de la brèche du jurassique supérieur.* — α. *Brèches lherzolitiques.* — Depuis longtemps l'attention a été appelée sur les *brèches lherzolitiques* de l'étang de Lherz et des gisements voisins. Leur composition est très variée; elles sont formées de blocs anguleux ou arrondis de lherzolite dont les dimensions varient depuis plusieurs décimètres cubes jusqu'à celles d'un grain de sable ; ces blocs sont réunis par un ciment qui à l'œil nu paraît de même nature. D'autres échantillons renferment en outre des blocs calcaires plus ou moins abondants. Enfin on rencontre des brèches dans lesquelles le ciment est calcaire et les blocs, soit lherzolitiques, soit calcaires.

Les ravins d'Artigou et de Girantos qui au sud jalonnent les contacts de la lherzolite et de la brèche calcaire sont très favorables à l'étude de ces brèches lherzolitiques. On les voit en effet occuper toujours une position intermédiaire entre la lherzolite massive et la brèche calcaire supérieure (fig. 5). Sur la lherzolite et lui formant une sorte d'enveloppe, se trouve la brèche exclusivement lherzolitique. Elle semble faire corps avec la lherzolite tout en s'en distinguant facilement sur les surfaces exposées à l'air par les blocs qui font saillie, grâce à la destruction plus rapide du ciment qui les réunit. Quand on s'éloigne de la lherzolite, on voit des blocs calcaires apparaître dans la brèche, puis devenir de plus en plus nombreux.

Autant la brèche lherzolitique est uniforme, autant ces brèches à éléments calcaires présentent de variations dans leur composition et dans les dimensions de leurs éléments constitutifs. On rencontre des échantillons dans lesquels les galets sont exclusivement formés de fragments de calcaire de 1 à 2 cm. de diamètre, réunis par un ciment lherzolitique, qui sur les surfaces attaquées par les agents atmosphériques restent en relief, formant de fins linéaments jaunes.

Dans d'autres échantillons, les blocs sont surtout lherzolitiques : souvent à 8 ou 10 mètres des dernières brèches lherzolitiques, on rencontre encore çà et là un galet de lherzolite, comme égaré, au milieu de la brèche calcaire.

Dans les gisements du ravin du Bastard, j'ai recueilli une brèche à grains fins, presque exclusivement lherzolitique, avec un petit nombre de grains calcaires ; la roche a la structure d'une arkose, elle est dépourvue de galets.

Dans d'autres échantillons ayant la même structure, on voit apparaître çà et là quelques galets de lherzolite ou de calcaire.

Ces brèches à grains fins alternent avec des brèches à grands éléments dans des blocs éboulés de plusieurs mètres cubes.

Les brèches à ciment lherzolitique ne sont très développées que dans la région de Lherz ainsi qu'à Bernadouze et à l'Escougeat. Dans les gisements de la région de Prades, on ne trouve que des brèches à ciment calcaire plus ou moins riches en galets de lherzolite au contact immédiat de la roche éruptive.

β. *Interprétation de la brèche lherzolitique.*— Je considère les brèches qui viennent d'être décrites comme des brèches d'origine clastique, formées aux dépens de la lherzolite en place. Les arguments sont nombreux en faveur de cette manière de voir qui n'est cependant pas celle qui a été proposée jusqu'ici. En effet, J. de Charpentier, qui a décrit quelques-unes de ces brèches, a expliqué leur mode de formation en disant [1] que leurs « fragments ont rempli une large fente dans laquelle ils ont été agglutinés par l'infiltration des eaux chargées de molécules calcaires ».

Il n'y a pas lieu de s'arrêter à cette théorie. Dans la région de Lherz, les brèches sont constantes au contact de la lherzolite et des calcaires supérieurs, bien que d'épaisseur inégale. On ne comprendrait pas le mécanisme de la production de fentes régulièrement concentriques aux pointements lherzolitiques ; de plus le ciment de ces brèches n'est pas toujours calcaire et l'existence de galets de lherzolite, isolés dans la brèche calcaire à quelque distance du massif éruptif, exclut toute possibilité d'une formation postérieure à cette même brèche.

Tout autre est l'explication donnée par Cordier [2]: « C'est, dit-il, une brèche de froissement, composée de fragments anguleux de lherzolite et quelquefois de calcaire jurassique (roche encaissante) agglutinés par une pâte lherzolitique. Ces fragments de calcaire (formant quelquefois jusqu'à la moitié de la masse), de gris et compactes qu'ils étaient originairement, sont devenus blancs, cristallins et saccharoïdes par suite d'un phénomène métamorphique résultant de la haute température à laquelle ils se sont trouvés soumis lors de l'épanchement lherzolitique.

---

[1] *Constitution géognostique des Pyrénées*, p. 263.
[2] *Description des roches… rédigée d'après la classification des manuscrits et des leçons de Cordier*, par C. d'Orbigny, 1868, p. 138.

« Quand la matière lherzolitique, qui devait remplir de grandes fentes ou hiatus, affluait avec lenteur à l'état incandescent, les parties en contact avec les parois des roches encaissantes ont dû se coaguler et y former une sorte d'encroûtement. Puis, pendant que l'épanchement continuait, des fragments de cette matière déjà consolidée ont été arrachés, entraînés avec quelques débris des roches calcaires auxquels ils adhéraient ; enfin le tout a été ensuite ressoudé par la pâte lherzolitique fluide, de manière à constituer ainsi de véritables brèches contemporaines des lherzolithes ».

La théorie de Cordier est intéressante, mais elle montre combien étaient précaires les ressources que les anciens géologues avaient à leur disposition quand pour étudier les roches ils ne possédaient que leur loupe.

Il est visible qu'en établissant sa théorie, Cordier avait présentes à l'esprit les brèches ignées volcaniques dont on trouve de si magnifiques exemples dans le Cantal. Dans ces brèches on observe en effet des fragments de la roche volcanique, déjà solidifiés et brisés par la poussée qui amène au jour la partie encore visqueuse du magma ; celle-ci a empâté non seulement ces fragments déjà consolidés de sa propre substance mais encore des blocs arrachés aux roches étrangères qui formaient les parois de la cheminée volcanique ; ces dernières *enclaves* sont souvent métamorphisées.

Mais de semblables brèches possèdent une structure caractéristique. Au microscope, on constate que le ciment qui réunit leurs blocs est formé par la roche volcanique elle-même possédant non seulement sa composition, mais encore sa structure microlitique caractéristique (avec bien entendu des variations résultant de différences dans les conditions de refroidissement).

Or rien de semblable ne peut être constaté dans la brèche lherzolitique. Que l'on prenne la brèche exclusivement lherzolitique ou la brèche à ciment calcaire, on voit au microscope que *tous les éléments lherzolitiques* sont *clastiques*. Dans la brèche exclusivement lherzolitique, les blocs sont réunis par un véritable *sable lherzolitique*, formé de petits fragments arrondis ou anguleux de spinelle, de diopside et d'enstatite, plus rarement d'olivine intacte, ce dernier minéral étant généralement transformé en un produit colloïde jaune monoréfringent qui moule tous les autres éléments. Par places, on voit des concentrations des minéraux durs. Prend-t-on les brèches calcaires avec ciment lherzolitique, on voit que celui-ci est formé des mêmes éléments que la brèche précédente, mais ils sont délayés dans de la calcite cryptocristalline. Quant à la brèche entièrement calcaire, on peut y voir souvent à proximité de la lherzolite et comme élément microscopique des fragments épars des éléments les moins altérables de cette roche.

L'hypothèse de Cordier peut donc être absolument rejetée par cette seule considération de structure. De nombreuses autres raisons peuvent en outre être présentées à l'appui de mon opinion. La principale est tirée de l'absence dans ces brèches de tout phénomène métamorphique. Toutes les fois que le ciment est calcaire, on ne trouve dans celui-ci aucun minéral néogène et ses éléments sont même généralement cryptocristallins.

J'ai parlé plus haut et je décrirai plus loin les phénomènes métamorphiques intenses développés par la lherzolite dans les calcaires liasiques. A la Fontête rouge, on voit à peu de distance l'une de l'autre, d'une part la brèche lherzolitique *sans trace de transformation* et de l'autre les calcaires liasiques *entièrement transformés* et bréchiformes sur quelques mètres au contact de la lherzolite. On ne s'expliquerait pas pourquoi ce métamorphisme intense dans un cas et l'absence complète de métamorphisme dans un autre si les conditions de formation de ces deux brèches étaient les mêmes.

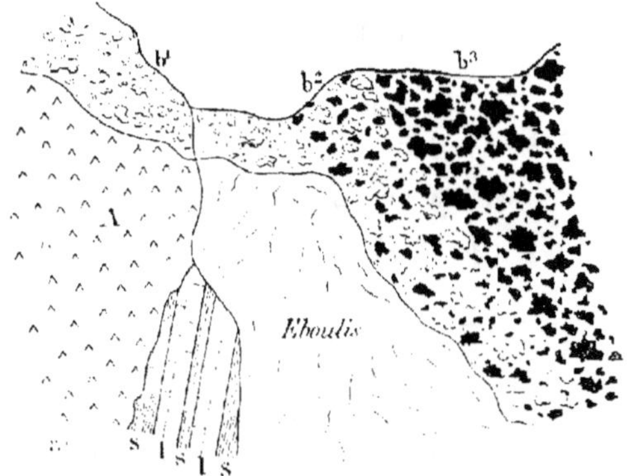

Fig. 6. — Coupe de la Fontête rouge. — Au contact de la lherzolite (λ), on observe des calcaires (*l*) et, schistes micacés et cornéennes (s), tous très métamorphisés. La lherzolite est recouverte par la brèche exclusivement lherzolitique (b¹), puis par la brèche calcaréo-lherzolitique (b²), qui renferme par places des fragments de roches liasiques métamorphisées. Cette dernière brèche est recouverte par la brèche exclusivement calcaire (b³).

Cordier a fait remarquer que les blocs calcaires de la brèche lherzolithique sont souvent cristallins, cela est parfaitement exact, mais ce qu'il faut considérer dans l'espèce, ce ne sont point les blocs de la brèche, mais le ciment qui les relie. J'ai montré plus haut que lorsque la brèche calcaire repose sur le lias moyen, celui-ci lui a fourni une partie, sinon la totalité de ses éléments ; il est donc bien clair que lorsque la brèche lherzolitique se trouvera reposer sur un contact de lherzolite et de lias, non-seulement elle pourra, mais encore elle devra renfermer des calcaires cristallins métamorphisés par la lherzolite, antérieurement à la formation de la brèche. C'est ce qui arrive à Lherz et surtout près de la Fontête rouge où j'ai observé (fig. 6, b²) des brèches dont les galets sont constitués par de la lherzolite et par tous les types de roches métamorphiques reconnues dans ce gisement ; ces galets sont réunis pêle mêle et cimentés par de la calcite à grains fins qui ne renferme développé en place aucun des minéraux métamorphiques si abondants dans ces galets. L'absence de modifications métamorphiques dans le ciment implique la postériorité de cette brèche à l'intrusion de la lherzolite.

En examinant les éléments de la brèche lherzolitique, j'ai été frappé par l'abondance des galets de *hornblendite*, de *diallagites*, de *diopsidite* et de *bronzitite*. Comme, d'autre part, je montrerai plus loin que ces roches forment des *filons* dans la lherzolite, leur présence dans les brèches lherzolitiques entraîne forcément l'antériorité aux brèches de la lherzolite elle-même.

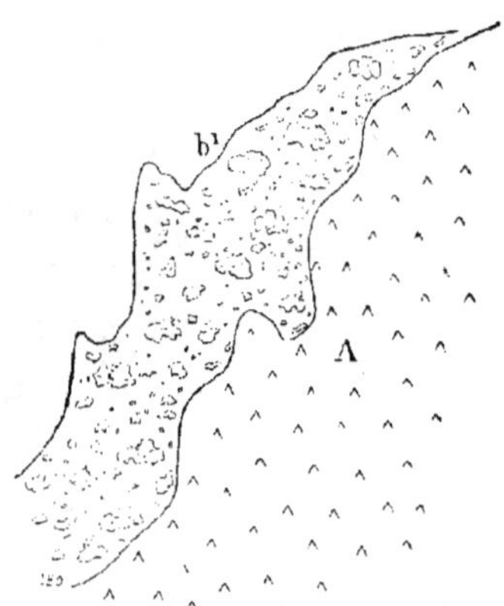

Fig. 7. — Lherzolite A, de Bernadouze ravinée et recouverte par la brèche exclusivement lherzolitique (b¹).

La figure 7 montre la surface de la lherzolite de Bernadouze ravinée et recouverte par la brèche exclusivement lherzolitique qui pénètre dans ses moindres anfractuosités.

Toutes ces constatations conduisent donc nécessairement à *considérer les brèches lherzolitiques comme le premier terme des assises sédimentaires qui recouvrent la lherzolite.*

L'étude des contacts des brèches calcaires secondaires d'âge quelconque avec les terrains plus anciens que la lherzolite apporte du reste une confirmation nouvelle à cette opinion.

Dans le ravin du Bastard même, les gneiss sont séparés de la brèche inférieure par un poudingue formé de galets de gneiss, de leptynite, d'amphibolite et de granulite cimentés par leurs débris.

Au col de Saleix, au port de Saleix et en de nombreux gisements au N.-E. du massif granitique d'Ercé, ainsi qu'à Soueix, à Rogalle sur la rive gauche du Salat, etc., on observe des poudingues analogues, formés soit aux dépens du granite, soit du gneiss. Au fur et à mesure que l'on s'éloigne de la roche ancienne, les galets ou le sable formé par leur destruction deviennent de plus en plus rares. Ces brèches et poudingues ont exactement la même structure que les brèches lherzolitiques et ont été formés de la même façon.

L'existence de ces brèches lherzolitiques séparant les massifs de lherzolite des calcaires supérieurs, la présence à proximité des massifs de lherzolite de galets de cette roche, seuls ou associés à des fragments de calcaires liasiques modifiés par elle, démontrent complètement *l'antériorité de la lherzolite aux calcaires du jurassique supérieur*.

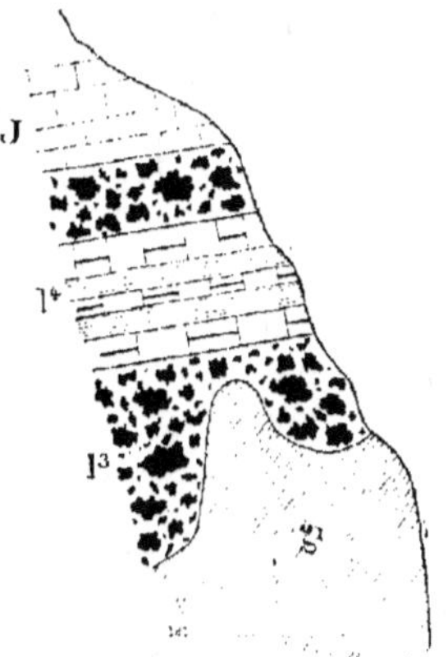

Fig. 8. — Coupe du versant Est du pic de Montbéas passant par le sentier allant de l'étang de Lherz au col d'Eret. ζ^1, schistes feldspathisés. l^3, brèche du lias inférieur, l^4 calcaires et schistes noirs à dipyre du lias moyen. J, jurassique supérieur débutant par une brèche calcaire.

e. *Epoque de l'intrusion de la lherzolite.* — Il reste maintenant à savoir quelle est la limite supérieure à assigner à l'âge de la lherzolite. Cette question peut être approximativement tranchée à l'étang de Lherz. Au pied du pic de Mont-béas et sur le versant regardant l'étang, on voit tout près d'un ravin que traverse le chemin du col d'Eret, (fig. 8) les calcaires du lias, riches en gros cris-

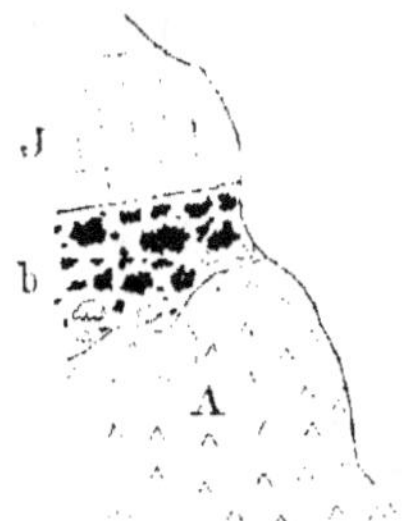

Fig. 9. — Coupe du versant Est du pic de Montbéas au-dessus de l'étang de Lherz à 400 m. au Sud de la coupe précédente. La lherzolite λ est recouverte par les diverses brèches lherzolitiques (b) servant de base au jurassique supérieur (J). La lherzolite a pris la place de ζ^1, l^3 et l^4 de la figure 8.

taux de dipyre, recouverts par la brèche supérieure qui en englobe de nom-breux fragments. A 400 mètres plus au Sud et exactement au même niveau, cette brèche calcaire se trouve en contact avec la lherzolite (fig. 9) et l'on peut observer en ce point toutes les variétés de brèches lherzolitiques décrites plus haut.

Cette observation me paraît démontrer que l'intrusion de la lherzolite a suivi de très près le dépôt du lias, puisque les assises immédiatement supérieures à cet étage se sont formées à la fois aux dépens de la lherzolite et des calcaires liasiques modifiés. La même observation peut être faite à Prades.

f. *Age des lherzolites situées en dehors de l'Ariège.* — Tout ce qui vient d'être dit au sujet de la lherzolite s'applique à l'ensemble des gisements de la *feuille de Foix*.

Quant à ceux du Tuc d'Ess et de Moncaup sur la *feuille de Bagnères*, du Moun caou sur la *feuille de Tarbes*, je n'ai fait que les visiter rapidement et ils sont situés dans une région que je n'ai pas personnellement étudiée au point de vue stratigraphique. Il me semble néanmoins probable qu'on peut leur appliquer les mêmes conclusions qu'aux gisements ariégeois.

Leymerie et M. Caralp indiquent dans leurs cartes comme liasiques, les calcaires en contact avec la lherzolite du tuc d'Ess et de Moncaup ; je montrerai plus loin que la lherzolite les a métamorphisés et que les calcaires noirs charbonneux du col de Portet offrent la plus grande analogie pétrographique avec ceux du port de Saleix.

Quant aux calcaires que métamorphise la lherzolite du Moun caou, ils sont certainement antérieurs au néocomien formant les crêtes avoisinantes. M. Seunes qui du reste n'a pas terminé l'étude de la région, les considère jusqu'à nouvel ordre, comme appartenant au jura-sique inférieur.

Dans ces derniers gisements, je n'ai pas trouvé de brèche lherzolitique.

g. *Conclusions.* — Je résumerai cette discussion de la façon suivante : *L'intrusion de la lherzolite de l'Ariège est postérieure au lias* (certainement au lias moyen et peut-être au lias supérieur) *que cette roche a profondément métamorphisé ; elle est antérieure à la base de la brèche du jurassique supérieur (oolithe). Cette conclusion peut vraisemblablement s'appliquer aux gisements de la **Haute-Garonne** et des **Basses-Pyrénées**.*

CHAPITRE III

ÉTUDE MINÉRALOGIQUE DE LA LHERZOLITE.

§ 1. — Composition normale

La composition minéralogique de la lherzolite a été fixée par le classique mémoire de M. Damour[1]. Les éléments constitutifs de cette roche : *olivine* jaune, *bronzite* brune, *diopside chromifère* vert et *spinelle* noir (*picotite*) sont généralement faciles à distinguer à l'œil nu et tout particulièrement sur les surfaces altérées par les agents atmosphériques : ceux-ci en décomposant l'olivine, lui donnent une couleur jaune rougeâtre qui imprime aux affleurements lherzolitiques un cachet spécial.

La planche I représentant l'étang de Lherz, donne une idée de l'aspect désolé et inculte des montagnes formées par la lherzolite[2]. La rive sud de l'étang est constituée par un entassement de blocs de lherzolite éboulés des falaises qui la dominent. Un bloc placé tout à fait au premier plan de la planche montre les angles émoussés et la surface crevassée de la plupart des blocs de lherzolite. Dans quelques gisements, il existe une pseudostratification dans la masse lherzolitique.

Dans les gisements où la lherzolite est très serpentinisée, on n'observe plus d'éboulis de gros blocs, la roche s'émiette, et de loin les rochers qui présentent ce mode de destruction ressemblent à de vastes carrières (les Roujos près Vicdessos, Bernadouze. flanc sud-est du Tuc d'Ess, le Moun caou).

La rubéfaction de la lherzolite n'est généralement que superficielle, mais dans quelques gisements (forêt de Freychinède), elle est plus profonde ; la roche se transforme en une terre jaune, conservant encore la forme primordiale de la lherzolite ; elle renferme intacts le spinelle, parfois le diopside vert et l'enstatite ; ces deux derniers minéraux perdent alors leur éclat.

Ces lherzolites décomposées sont généralement traversées par des filonnets nombreux de calcite secondaire s'anastomosant et donnant à la roche un aspect bréchiforme. Il ne faut pas confondre ces produits d'altération avec les véritables brèches lherzolitiques. Cette calcite a été en grande partie apportée dans la lherzolite par les eaux sauvages et empruntée à la brèche supérieure.

---

[1] *Bull. Soc. géol.*, 2ᵉ série, XIX, 413, 1862. Pour l'histoire et la bibliographie de la lherzolite, voir mon mémoire des *Nouvelles archives du muséum* (p. 211-217).

[2] Ces montagnes lherzolitiques ont reçu parfois des noms caractéristiques, l'Escourgeat, (*l'écorché*), Moun caou (*montagne chaude* ou *brûlée*).

L'examen microscopique met en lumière la structure holocristalline et grenue de la lherzolite ; aucun des éléments, sauf parfois le spinelle, ne présente de formes géométriques. Ils ont dû se former en même temps, car si l'olivine est souvent incluse dans les pyroxènes, j'ai observé parfois l'inverse.

Aux éléments connus jusqu'à présent dans la lherzolite, il y a lieu d'ajouter la *hornblende* d'un brun noir, qui ne manque absolument dans aucun des gisements pyrénéens, mais qui est généralement microscopique. Elle est postérieure aux autres éléments de la roche. Tous les silicates renferment des inclusions liquides à bulle mobile, surtout abondantes dans la bronzite et le diopside. Il existe, plus rarement, des inclusions vitreuses.

Pour ce qui concerne les propriétés optiques de tous ces minéraux, je renvoie à mon mémoire antérieur ; je rappellerai seulement qu'en lames minces, tous les silicates sont incolores, sauf la hornblende qui est très pléochroïque dans les teintes jaunes et brunes ; quant au spinelle, il est brun foncé.

La bronzite forme avec le diopside chromifère les groupements réguliers habituels. L'olivine offre en lumière polarisée les ombres moirées et les extinctions roulantes avec les macles ou pseudomacles bien connues dans les roches péridotiques dynamométamorphisées ; enfin la bronzite présente très souvent les macles polysynthétiques suivant e^1 (014) qui ont une semblable origine et que j'ai longuement étudiées dans le mémoire précité.

J'ai distingué trois types dans les lherzolites pyrénéennes.

a. *Lherzolite normale.* — Le premier est formé par la lherzolite qui constitue le massif de Lherz ; tous ses éléments ont sensiblement les mêmes dimensions. C'est cette roche qui présente parfois une apparente stratification. Quand on l'examine en grandes masses, on constate parfois une tendance à un rubanement, dû à l'orientation des minéraux colorés suivant des lits sensiblement parallèles[1] (diopside vert, bronzite et spinelle). Localement, il existe des concentrations d'un ou plusieurs de ces minéraux, formant des bancs parallèles, réunis souvent en grand nombre et séparés seulement par des lits minces de lherzolite normale. On observe ainsi des passages progressifs à l'une des roches filoniennes qui sera décrite plus loin. La hornblende ne se trouve jamais dans ces roches que comme élément microscopique.

A Porteteny, j'ai observé dans la lherzolite des ségrégations exclusivement formées de bronzite, de diopside vert et de spinelle.

Près de la Fontète-Rouge, se trouvent les mêmes ségrégations dépourvues de spinelle et englobant des nodules exclusivement formés d'olivine et d'un peu de spinelle. Néanmoins, ces anomalies sont rares et la lherzolite normale est sensiblement homogène et comparable à elle-même dans tous ses gisements. Les variétés à grands éléments de Sem et de Prades sont moins riches en olivine que la moyenne des variétés à grains plus fins.

La lherzolite normale constitue exclusivement tous les gisements pyrénéens autres que ceux dans lesquels vont être décrits les deux types suivants.

---

[1] Cette structure est comparable à celle qui vient d'être décrite par MM. **A.** Geikie et J. H. Teall dans les gabbros tertiaires de l'île de Skye.

b. *Lherzolite porphyroïde*. — Ce type pétrographique constitue, à l'exclusion de tout autre, le massif de Moncaup, la plus grande partie de celui du Tuc d'Ess et le Moun caou. La lherzolite de Caussou est formé par une lherzolite normale passant au type porphyroïde.

Celui-ci se distingue de la lherzolite de Lherz par l'existence de grands cristaux porphyroïdes de bronzite et de diopside, souvent moins vert et moins chromifère que celui de la lherzolite normale. Ces grands cristaux ont en moyenne un centimètre. Ils sont moulés par un mélange grenu des mêmes éléments, accompagnés de spinelle et surtout d'olivine dominante. C'est à cette richesse en olivine que la roche doit sans doute d'être toujours plus ou moins profondément serpentinisée. Les serpentines de la lherzolite porphyroïde se distinguent des serpentines de la lherzolite normale par la persistance des grands cristaux pyroxéniques plus ou moins transformés en bastite.

A Moncaup et au Tuc d'Ess, j'ai recueilli des concentrations de grands cristaux de bronzite et de diopside seuls ou associés ; elles sont les homologues des ségrégations des lherzolites normales ; elles s'en distinguent par la plus grande dimension de leurs éléments constituants.

Ces lherzolites porphyroïdes sont très analogues à celles que Geo. Williams [1] a décrites aux environs de Baltimore. Les grands cristaux porphyroïdes y sont postérieurs aux éléments grenus comme dans les lherzolites de la serrania de Ronda en Andalousie, étudiées par M. Michel Lévy [2].

c. *Lherzolite à hornblende*. — Le dernier type de lherzolite dérive du type normal par l'abondance de la hornblende brune qui devient macroscopique et moule les éléments habituels. Dans cette roche, la hornblende tranche par sa couleur foncée sur le fond jaune et vert des autres minéraux; le spinelle est très peu abondant et forme des inclusions dans la hornblende.

Cette roche ne peut être considérée comme une *picrite à hornblende*, c'est une simple variété de la *lherzolite normale*; elle constitue du reste un accident de la lherzolite de Causson et ne forme à elle seule aucun massif distinct.

§ II. — Modifications secondaires subies par la lherzolite

Ces modifications sont de deux ordres différents; ce sont des modifications physiques et des modifications minéralogiques.

a. *Modifications d'ordre physique.*

Les modifications physiques sont uniquement dues au dynamométamorphisme. Elles consistent dans des phénomènes d'écrasement ayant produit les

[1] *American Geologist*, VI, 38, 1890.
[2] *Mémoires savants étrangers*. Mission d'Andalousie. XXX, 207, 1889.

macles secondaires de l'enstatite, les ombres moirées de l'olivine et dans les cas extrêmes de forts beaux exemples de *structure en ciment* (fig. 10). Les roches ainsi modifiées présentent des éléments intacts, entourés par un ciment constitué par leurs débris Les fragments non écrasés sont fréquemment tordus et le phénomène est visible à l'œil nu dans les lherzolites porphyroïdes dont les grands

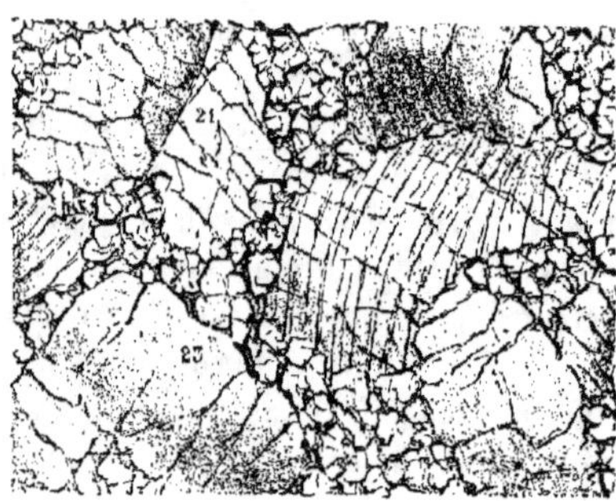

Fig. 10. — Lherzolite de Lherz montrant la structure en ciment avec olivine (23), diopside (21) et plages tordues d'enstatite.

cristaux sont souvent très curieusement gondolés. Ces déformations de structure sont quelquefois accompagnées de transformations minéralogiques, ce qui s'explique aisément, les circulations d'eaux minéralisées devant être facilitées quand la roche a perdu son homogénéité primitive; mais aucune des transformations dont il s'agit n'est liée d'une façon nécessaire à ces phénomènes dynamiques et on les rencontre dans les roches structurellement intactes aussi bien que dans les roches dynamométamorphisées.

b. *Modifications d'ordre minéralogique.*

α. *Rubéfaction.* — Les plus importantes de ces modifications sont d'origine atmosphérique, elles consistent dans les phénomènes de *rubéfaction* plus ou moins profonde, dont il a été question plus haut et sur lesquels je ne reviendrai pas, ainsi que dans la serpentinisation.

β *Serpentinisation.* — Tous les gisements lherzolitiques pyrénéens présentent des parties *serpentinisées*, mais aucun d'entre eux n'est totalement transformé ; en d'autres termes, il n'existe pas dans les Pyrénées françaises de massif indépendant de serpentine.

Ainsi que je l'ai dit plus haut, ce sont les lherzolites porphyroïdes (Moncaup, Arguénos, Tuc d'Ess, Moun caou), qui sont le plus serpentinisées. Dans la plupart des gisements ariégeois, la serpentine se forme le long des fissures de la lherzolite normale; elle consiste extérieurement en surfaces vernissées verdâtres qui recouvrent les nombreux fragments auxquels donne naissance la démolition des rochers serpentinisés. Dans l'Ariège, les environs de Prades, la Croix de

Sainte-Tanoque [1], les Roujos près Vicdessos, Bernadouze, l'émissaire de l'étang de Lherz sont les gisements dans lesquels la serpentine peut être recueillie le plus facilement.

L'examen microscopique montre que la serpentinisation s'effectue par les procédés ordinaires pour donner le plus généralement une serpentine qui offre la *structure en mailles* bien connue (fig. 11) ; les surfaces vernissées dont il a été question plus haut sont d'ordinaire tout à fait colloïdes.

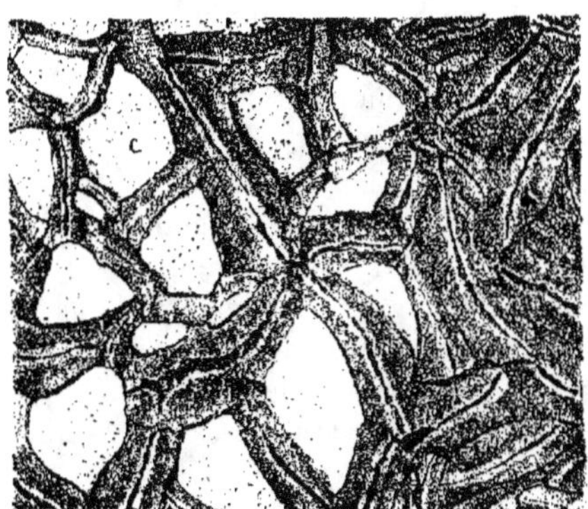

Fig. 11. — Péridot en voie de serpentinisation. Étang de Lherz.

Le gisement de Moncaup-Arguénos mérite une mention spéciale ; on y rencontre en effet et en grande abondance des filonnets de *chrysotile*, de *métaxite*, d'*antigorite* cristallisée, plus rarement des veinules de *garniérite* [2], que j'ai longuement étudiées dans mon mémoire des *Nouvelles Archives du Museum* [3], auquel je renvoie.

Dans ce même gisement, la serpentine est parcourue par des veinules s'anastomosant de *giobertite* mélangée à de la *magnésite*, de l'*opale* et même du *quartz*. Ce résultat ultime de la décomposition de la lherzolite se rencontre rarement dans les autres gisements pyrénéens (Prades, Bernadouze, Lherz. etc.) ; il est fréquent au contraire dans les gisements péridotiques du Piémont (Baldissero, Castellamonte, etc.), de l'île d'Elbe. etc.

Les filonnets macroscopiques de *chrysotile* sont rares dans les autres gisements pyrénéens, sauf toutefois dans la brèche de Médoux où M. Goguel a recueilli des fibres soyeuses de ce minéral atteignant 4 cm. de longueur [4].

Dans les lherzolites porphyroïdes, les grands cristaux de bronzite sont parfois

---

[1] La lherzolite, imparfaitement serpentinisée de ce gisement, a été considérée par Cordier comme une roche spéciale qu'il a appelée successivement *Lhercoulite* (de Lercoul ou Lhercoul, commune sur le territoire de laquelle se trouve la croix de Sainte-Tanoque), puis *Lherzoline*.

[2] Le péridot de la lherzolite de ce gisement est légèrement nickelifère.

[3] *Bull. Soc. Minér.* XI, 156, 1888.

[4] *Op. cit.*, p. 243.

eux-mêmes en voie de transformation en bastite. Au Moun caou, j'ai trouvé des échantillons fort intéressants à cet égard, de grandes plages d'enstatite de 2 cm. de plus grande dimension, parfois maclées suivant e^h (014) ne sont transformées qu'à leur périphérie ; elles présentent un centre brun foncé bordé par une large zone verte de *bastite*.

Assez rarement au Tuc d'Ess, la serpentine renferme de larges lames d'un blanc verdâtre d'une chlorite à deux axes presque réunis autour d'une bissectrice positive (*clinochlore*).

A côté de ces phénomènes de décomposition par hydratation, se trouvent, mais dans des échantillons différents, des transformations sans hydratation qui, malgré leur peu d'importance au point de vue géologique, offrent un très grand intérêt pour le minéralogiste.

A Bestiac, j'ai recueilli, mais non en place, un bloc de magnétite mamelonnée recouverte par un enduit de serpentine : ce minéral est peut-être un produit de formation contemporaine de la serpentinisation de la lherzolite.

7. *Amphibolisation (ouralitisation)*. — Je n'insisterai pas sur les phénomènes d'ouralitisation des pyroxènes (diopside et bronzite) qui sont peu fréquents et ne présentent pas de particularités spéciales. Au Tuc d'Ess, dans une serpentine très altérée, j'ai observé une fente tapissée par de l'actinote d'un vert pâle dont les fibres ont environ 3 centimètres.

8. *Amphibolisation et dipyrisation*. — Le long de diaclases ayant parfois moins d'un millimètre d'épaisseur, on voit se former une amphibole verte rappelant la smaragdite ; elle est généralement associée à du dipyre blanc (région de Lherz).

Quand on examine une lame mince taillée dans les roches qui présentent ces phénomènes, on constate que le dipyre englobe l'amphibole qui forme au milieu de lui des cristaux à formes nettes ou à contours sinueux. Sur le bord de la fente, l'amphibole devient fibreuse, elle est appliquée perpendiculairement à la paroi de la lherzolite, quels que soient du reste les minéraux avec lesquels elle se trouve en contact. Les plages de spinelle, se transforment en agrégats de petits octaèdres néogènes, inclus à la fois dans le dipyre et dans l'amphibole, alors que ce minéral n'existe pas sous cette forme dans les éléments primordiaux de la lherzolite. On voit quelquefois ces phénomènes devenir plus intenses et transformer peu à peu la lherzolite sur quelques centimètres, donnant ainsi naissance à une roche qui n'a plus aucune analogie ni de composition ni de structure avec la roche originelle.

Ces zones fibreuses d'amphibole se formant sur le bord de l'olivine et des pyroxènes rappellent celles qui entourent l'olivine des gabbros à olivine, avec cette différence toutefois que dans ces dernières roches, elles ne s'observent jamais entre l'olivine et le pyroxène, mais seulement entre le premier de ces minéraux et les feldspaths.

La présence du dipyre dans ces veinules secondaires implique nécessairement un apport extérieur riche en alcalis. Le dipyre se développant en abondance dans les calcaires en contact avec la lherzolite et sous l'action de cette roche, il est probable que les fluides minéralisateurs qui ont accompagné la lherzolite au moment de son intrusion ont circulé dans les fentes de celle-ci et y ont déterminé des transformations endomorphes. Ces phénomènes sont donc comparables au développement d'axinite que j'ai signalé [1] au pic de l'Arbizon, aussi bien dans le granite que dans les calcaires paléozoïques métamorphisés par lui. Cette opinion reçoit une vérification par la découverte que j'ai faite dans la brèche lherzolitique du pic de la Fontête rouge de fragments de lherzolite, traversés par des filonnets analogues à ceux qui viennent d'être étudiés dans les roches en place.

A la Fontête rouge, j'ai rencontré des fissures de ce genre dépourvues de dipyre et dans lesquelles l'amphibole forme des cristaux nets, translucides [m (110), h^1 (100), p (001), $b^{1/2}$ ($\overline{1}11$)].

ε. *Amphibolisation et feldspathisation.* — Sur la route du col de Portet à Sengouagnet (H^te-Garonne), j'ai recueilli en 1892, un bloc de lherzolite éboulé du Tuc d'Ess et présentant des transformations différentes de celles qui viennent d'être étudiées. La roche à gros grains renferme des taches d'un vert foncé qui, au microscope, offrent une composition et une structure curieuse [2]. Elles sont en effet composées par de *l'amphibole* verte en grandes plages dentelliformes au milieu d'*anorthite*; cette amphibole renferme une très grande quantité d'inclusions grenues de spinelle vert. Au contact de ces taches feldspathiques, les éléments normaux de la lherzolite paraissent corrodés.

Quelle interprétation faut-il donner à cette roche? Se trouve-t-on là en présence d'une transformation du même ordre que celles qui ont été décrites plus haut et rappelant les transformations en feldspath et amphibole dentelliforme du pyroxène des éclogites de la Loire Inférieure que j'ai décrites antérieurement [3], ou bien au contraire n'y a-t-il là qu'une enclave calcaire métamorphisée?

Les modifications secondaires des diallagites qui seront passées en revue plus loin plaident en faveur de la première hypothèse, aucune des roches métamorphiques de la région ne possède du reste la structure décrite plus haut, ce qui contribue à me faire rejeter l'idée d'une enclave.

Malgré tous les efforts que j'ai faits cette année pour trouver cette roche en place, je ne suis arrivé à aucun résultat, cela est d'autant plus regrettable que j'ai découvert au Tuc d'Ess de petits filons feldspathiques traversant la lherzolite et qu'il eût été intéressant de savoir s'il y a quelque rapport entre la formation de ces filons et les transformations dont il vient d'être question. Malheureusement ces filons se trouvent toujours au milieu de lherzolite tellement décomposée (serpentinisée), que l'on ne peut tirer aucune conclusion de l'étude de ces dernières.

Dans le premier ravin de Lherz, immédiatement au-dessus du port de Massat,

---

[1] C. *Rendus,* CXV, 739 et *Minéralogie de la France,* I, 287, 1893.
[2] Voir la fig. 6 de la planche 6, de mon mémoire des *Nouvelles Archives du Muséum.*
[3] *Bull. Soc. Sc. natur. de l'Ouest,* Nantes 1891.

j'ai trouvé dans la lherzolite un filonnet blanc compacte ayant environ 1 cm. 5 d'épaisseur, j'ai pu le suivre sur plus de 2 mètres.

Au microscope on constate qu'il possède une structure étrange. De grandes plages d'*enstatite*, d'*olivine*, de *pyroxène* et d'*oligoclase-albite* brisées et puissamment tordues sont éparses dans un magma finement grenu formé de pyroxène incolore et d'oligoclase-albite, accompagnés d'une petite quantité de péridot, de picotite et d'une amphibole vert clair. La roche présente une structure en ciment dans laquelle le ciment constitue plus des trois quarts de la masse.

Il me semble probable que ce filonnet a une origine secondaire analogue à celle des filonnets à dipyre décrits plus haut et que postérieurement à sa formation il a subi de violentes actions mécaniques qui ont fait disparaître sa structure originelle. Ce mince filonnet situé au milieu de roches massives plus dures a été comme laminées entre celles-ci.

M. J. Roth [1], puis M. Rosenbusch [2] ont cité chacun un échantillon de lherzolite de Lherz renfermant de grands cristaux de feldspath triclinique. M. Rosenbusch a décrit la roche comme renfermant au milieu de plages à composition normale des noyaux riches en plagioclase qui possèdent la structure d'une diabase ou d'une ophite. Cette description ne peut s'appliquer à la lherzolite du Tuc d'Ess dont la structure est tout à fait spéciale et la roche étudiée par M. Rosenbusch doit correspondre à quelque chose de différent de tout ce que j'ai personnellement observé.

En terminant, je tiens à insister sur ce fait que dans mes recherches, bien que j'aie fort souvent trouvé des pointements d'*ophites* et de *lherzolite*, situés à *quelques mètres* les uns des autres, je n'ai jamais rencontré aucun contact immédiat de ces deux roches, permettant d'étudier leurs relations mutuelles [3]. D'autre part dans ces gisements, je n'ai jamais observé aucun passage minéralogique entre ces deux roches, les ophites à péridot ne se trouvant pas dans les régions lherzolitiques. Dans les Pyrénées françaises, il n'y a donc rien de comparable à ce que M. Michel Lévy a décrit [4] dans la serrania de Ronda où des lherzolites très analogues comme composition à celles du type pyrénéen normal passent par des gradations insensibles à des norites à olivine.

---

[1] *Allgemeine Geologie*, III, 243 (en note), 1887.

[2] *Mikroskopische Physiographie der massive Gesteine*, II, 272, 1887.

[3] Les filonnets feldspathiques de la lherzolite du Tuc d'Ess qui seront décrits dans le chapitre suivant n'ont pas de rapport apparent avec l'ophite du même gisement.

[4] *Op. cit.*, 207.

CHAPITRE IV

ROCHES FILONIENNES TRAVERSANT LA LHERZOLITE

Dans mon précédent mémoire j'ai décrit[1] toute une série de filons minces que j'ai découverts au milieu de la lherzolite de la plupart des gisements pyrénéens. J'ai fait remarquer l'absence complète de roches feldspathiques dans ces filons exclusivement constitués par des roches curieuses appartenant à des types nouveaux ou connus seulement dans un très petit nombre de gisements étrangers et caractérisés par l'absence du péridot et des feldspaths.

Ma campagne de cet été m'a permis de recueillir sur ces roches basiques de nouveaux documents qui viennent compléter les premières données que j'ai publiées sur ce sujet.

J'ai en outre découvert, mais dans un seul gisement (au Tuc d'Ess), des filons de roches feldspathiques ; je les décrirai dans un paragraphe distinct.

I. ROCHES NON FELDSPATHIQUES

(Pyroxénolites et amphibololites)

§ I. — Composition normale

Ces roches sont le plus souvent à grands éléments, très denses, très tenaces. Elles résistent mieux à la décomposition que la lherzolite au milieu de laquelle elle se rencontrent : elles font saillie sur les surfaces lherzolitiques, altérées à l'air. Les filons qu'elles constituent varient de quelques centimètres à plus d'un mètre d'épaisseur ; leur disposition rappelle celle des filons pegmatoïdes des roches granitiques.

Ces roches sont liées d'une façon intime à la lherzolite, en dehors de laquelle je ne les ai jamais rencontrées. Elles sont essentiellement composées par des pyroxènes et de l'amphibole ; je les ai divisées en deux groupes, celui des

[1] *Op. cit.* p. 261.

333

pyroxénolites et celui des *amphibololites*, suivant que ce sont les pyroxènes ou l'amphibole qui constituent leur élément essentiel et caractéristique.

Dans le groupe des *pyroxénolites*, j'ai établi deux divisions pour distinguer les roches dans lesquelles le pyroxène dominant est orthorhombique ou monoclinique.

La première comprend les *bronzitites*, la seconde les *diallagites*, le pyroxène de ces dernières étant du diallage. J'ai trouvé cette année à l'étang de Lherz des filons dans lesquels le seul pyroxène existant est le diopside chromifère, je les désigne sous le nom de *diopsidites*.

Quant aux amphibololites, elles ne comprennent qu'un seul type, la *hornblendite*.

Toutes ces roches possèdent la même structure, elles sont holocristallines et grenues.

a. **Pyroxénolites**

α. — *Bronzitites*

Je n'ai pas trouvé dans les Pyrénées de roches exclusivement formées de bronzite, mais j'en ai étudié de nombreux échantillons provenant d'une série de roches de la Nouvelle-Calédonie que je dois à l'obligeance de M. L. Pelatan. Elles proviennent de la pointe de Bogola, aux environs de Nakéty, sur la côte nord de l'île. Elles se trouvent au milieu de dunites serpentinisées et probablement en filons ; elles rappellent la roche de bronzite de Kupferberg (Fichtelgebirge) et celle du mont Webster (Caroline du Nord).

Leur composition minéralogique est fort simple ; la bronzite n'y est associée qu'à un peu de chromite. Au microscope, on constate dans la bronzite de fines bandelettes de diopside. Dans quelques échantillons, apparaissent des plages de diopside ; ce minéral devient plus abondant dans certains échantillons dont il forme près de la moitié ; la roche devient alors une *bronzitite à diopside*. La bronzite se transforme en bastite.

Ces dernières roches sont très analogues à un type pétrographique fréquent dans les Pyrénées, qui est intermédiaire entre les bronzitites et les diopsidites qui vont être décrites ; elles sont formées de bronzite, de diopside chromifère et de spinelle. On peut indifféremment les appeler des *bronzitites à diopside* ou des *diopsidites à bronzite* suivant que l'on attache plus d'importance à l'un ou l'autre de leurs pyroxènes constituants ; c'est sous le premier de ces noms que je les ai décrites dans mon premier mémoire. Elles ne diffèrent de la lherzolite que par l'absence de l'olivine et en général par la plus grande dimension de leurs éléments.

A l'œil nu, on y distingue avec la plus grande facilité le spinelle noir, très abondant en plages atteignant parfois 1 cm., la bronzite brune et le diopside chromifère vert.

Ces bronzitites à diopside ne sont pas particulières aux Pyrénées ; j'en ai recueilli de très analogues dans la lherzolite de Castellamonte et de Baldissero (Piémont)[1]. La roche du mont Webster (Caroline du Nord) décrite par Geo. Williams[2] sous le nom de *Websterite*, n'en diffère qu'en ce que le spinelle y est remplacé par de la magnétite et en ce que la roche est peu cohérente, au moins dans les échantillons que j'ai eus en mains. Geo. Williams a signalé des roches analogues dans le Maryland.

Enfin j'ai trouvé dans la collection du Muséum des roches à grands éléments, composées de bronzite, de diopside chromifère, de pyrope, d'amphibole et de mica (et son produit d'altération la *vaalite*) provenant des mines diamantifères du Cap (Toit's Pan, Bultfontaine, Kimberley). Elles y accompagnent des fragments de harzburgite et elles ont sans doute une même origine que les roches étudiées dans ce paragraphe.

β. — *Diopsidites*

A l'étang de Lherz, j'ai observé des filonnets d'une roche vert clair, formée de diopside faiblement chromifère et de grenat rosé. Cette roche est à grains fins, et extrêmement tenace ; j'en ai trouvé plusieurs galets dans la brèche exclusivement lherzolitique.

Au microscope, on constate l'existence d'un peu de spinelle pléonaste vert foncé ; il est intimement associé au grenat qui moule le pyroxène. La roche ne renferme aucun autre élément.

γ. — *Diallagites*

Les diallagites se distinguent des roches précédentes par leur couleur foncée. Leur élément dominant est en effet un pyroxène ferrifère, coloré en brun noir ou en violacé. Les plans de séparation suivant h^1 (100) sont généralement faciles ; c'est pourquoi j'ai appelé ces roches des *diallagites*. Le pyroxène est incolore ou à peine coloré en violacé en lames minces ; il présente parfois des plans de séparation et des macles secondaires suivant p (001). Le spinelle est très abondant ; il est toujours constitué par du *pléonaste*.

Diallagites normales. — Ce type est celui qui domine à Prades ; on le trouve en outre à Moncaup, au Tuc d'Ess : il est formé de diallage en cristaux pouvant atteindre plusieurs centimètres ; le spinelle pléonaste est abondant. La roche renferme parfois un peu de grenat, de hornblende, plus rarement d'olivine et passe alors aux types suivants. A Prades, elle contient de la bronzite et même du diopside chromifère, souvent localisés aux salbandes du filon et à leur contact

---

[1] *Nouvelles Archives du Muséum*, op. cit. 275.
[2] *American Geologist*, VI, 10 1890. Le nom de *Websterite* ne peut être maintenu, car il est employé en minéralogie pour désigner un sulfate d'alumine hydraté (Al^2O^3, SO^3 $9H^2O$).

avec la lherzolite; ces variétés établissent le passage aux bronzitites à diopside.

A Castellamonte et à Baldissero (Piémont), se trouvent des diallagites très analogues à celles du Tuc d'Ess; leur pyroxène est violacé[1]. C'est sans doute à un type pétrographique analogue qu'il y a lieu de rapporter la roche originelle des serpentines des Alpes Centrales du Tyrol, récemment décrites par M. Weinschenk[2]. Geo. Williams a trouvé dans les mêmes conditions dans le Maryland des *diallagites à hypersthène*. Enfin von Hochstetter, puis M. W. Hutton[3] ont décrit une diallagite à bronzite et magnétite, en filons dans la dunite du Mont-Dun (Nouvelle-Zélande).

Diallagites à grenat. — Le type le plus remarquable de cette roche se rencontre à Moncaup sur la lisière du massif de lherzolite très serpentinisée. A l'œil nu, on y distingue des lames de diallage gondolées, dépassant parfois 4 cm. de plus grande dimension et de gros grains d'un grenat pyrope ferrocalcique dont la couleur varie du rose au rouge foncé. Les grains de grenat sont généralement entourés d'une zone verte qui sera étudiée plus loin. Au microscope, on constate que le diallage est souvent associé à de fines bandelettes de bronzite.

A Prades, les diallagites à grenat sont à éléments moins grands, le grenat d'un rose pâle est intimement associé au pléonaste ; il renferme des inclusions de rutile orientées suivant les axes ternaires du cube.

Diallagites à hornblende. — Ces roches se rencontrent surtout à l'étang de Lherz, elles sont finement grenues, leur couleur est foncée, grâce à l'abondance de la *hornblende* qui entoure les plages de diallage. Dans quelques échantillons, la structure est porphyroïde. Il s'y développe des cristaux de hornblende, atteignant 2 cm. qui sont régulièrement distribués au milieu d'un magma grenu pauvre en amphibole.

Au microscope, on constate que le spinelle vert est abondant, formant souvent des octaèdres nets englobés par les autres éléments. Le grenat est assez fréquent dans les échantillons que j'ai recueillis cette année.

Enfin, la composition se complique parfois par l'apparition d'un peu de bronzite et d'olivine; ce dernier minéral ne joue qu'un rôle subordonné, mais fait pressentir des passages à la *wehrlite*.

Cette roche est surtout remarquable par le développement secondaire de feldspath qui va être décrit plus loin.

---

[1] Voir mon mémoire *Nouvelles Archives du Museum*, op. cit. p. 278 et Cossa, *Ricerce chimice e microscopiche sulle roccie e minerali d'Italia*, 1886, 107.

[2] *Ueber Serpentine aus den Ostlichen central Alpen und deren Contactbildungen*. München, 1891.

[3] *J. and Proceedings of the royal Society of New South Wales*. Sydney, 153, 1889.

Amphibololites

Hornblendites

Horblendites normales. — J'ai recueilli à Lherz et à l'Escourgeat des roches à grands éléments dans lesquelles, à l'œil nu, on ne distingue que la hornblende d'un brun noir et quelques paillettes de *biotite*.

La composition de ces roches ne se complique guère à l'examen au microscope, car on n'y observe en outre qu'un peu de pyroxène, et plus rarement d'olivine.

Hornblendites à grenat. — J'ai observé cette année sur la crête du massif lherzolitique de Lherz et en vue de l'étang un filon d'environ 0 m. 50 d'épaisseur formé par une roche identique à la précédente, mais renfermant de gros grains rose pâle de grenat pyrope. Au microscope, on constate dans quelques échantillons l'assez grande abondance du diallage. Cette roche constitue donc un passage à la diallagite à hornblende étudiée plus haut ; le grenat y est beaucoup plus abondant que dans cette dernière roche et le spinelle plus rare ; les éléments y sont en outre de bien plus grande taille.

§ II. — Modifications secondaires

a. — *Modifications d'ordre physique*

Les modifications physiques subies par ces roches sont du même ordre que celles qui ont été signalées plus haut dans la lherzolite ; elles y sont plus intenses peut-être. La *structure en ciment* est parfois extrêmement belle, les pyroxènes et l'amphibole curieusement tordus et gondolés sont fendillés et injectés par un ciment formé de leurs débris. Une grande partie de la biotite des hornblendites de Lherz paraît être contemporaine de ces phénomènes dynamiques.

b. — *Modifications d'ordre minéralogique*

α. *Rubéfaction et serpentinisation.* — Les produits d'altération par hydratation qui étaient si abondants dans les lherzolites, sont très clairsemés dans les roches qui nous occupent, ce fait est facile à comprendre, leur composition étant connue. Dans les bronzitites, la bronzite se transforme quelquefois en *bastite* ce qui a lieu en Nouvelle-Calédonie, par exemple ; les bronzitites à diopside des Pyrénées sont au contraire généralement intactes.

Dans les diallagites et particulièrement dans celle de Moncaup, au contraire, la transformation de la bronzite en bastite est souvent très avancée, mais ces minéraux ne jouant qu'un rôle accessoire dans la constitution de ces roches, l'aspect extérieur de ces dernières n'est pas modifié par la transformation.

Quant à l'olivine, qui ne figure également que comme élément accessoire dans toutes ces roches filoniennes, elle est généralement en partie transformée en produits ferrugineux colloïdes.

Dans la plupart des gisements, la surface et les fissures des filons de diallagites sont recouverts d'un givre de calcite secondaire.

β. *Amphibolisation et feldspathisation*. — Les phénomènes qui vont être décrits constituent un des traits les plus curieux de l'histoire des diallagites.

J'ai dit plus haut que le grenat des *diallagites* de Moncaup était généralement entouré par une zone verte fibreuse (fig. 12), tout à fait analogue à la *kelyphite* de Schrauf. Cette zone est d'autant plus large que la roche est plus altérée et dans des échantillons dont le diallage est entièrement ouralitisé, j'ai constaté la disparition complète du grenat, entièrement épigénisé par la substance fibreuse verte.

Fig. 12. — Diallagite à grenat de Moncaup.
Pyrope (G) entouré par une zone de kelphite (K) et englobé par du diallage (P) [1].
(*Lumière naturelle*).

Au microscope, on constate que cette dernière n'est pas homogène, mais constituée par de l'amphibole et du spinelle de même couleur, formant des fibres vermiculées dont l'allongement est perpendiculaire à la surface du grenat. Elles se détachent en vert sur un fond incolore, formé par de l'anorthite en grandes plages, maclées suivant la loi de l'albite. Parfois l'amphibole et le spinelle sont assez peu abondants pour qu'il soit possible d'étudier les propriétés optiques de l'anorthite, mais souvent aussi les fibres colorées sont si fines et si serrées les unes contre les autres que toute étude du fond feldspathique devient impossible.

[1] Cette figure, ainsi que les fig. 10 et 11, est empruntée à ma *Minéralogie de la France*. Elle y a été indiquée (p. 237) comme représentant la lherzolite de Moncaup. C'est filon dans la lherzolite qu'il faut lire.

On peut suivre pas à pas la corrosion du diallage et du grenat entre lesquels se produit la zone de kelyphite. Très souvent le diallage est traversé par des fissures plus ou moins régulières le long desquelles s'opèrent des transformations du même genre, mais alors l'amphibole est souvent dentelliforme et orientée géométriquement sur le diallage. Quant à l'anorthite, elle forme de grandes plages d'orientation uniforme sur plusieurs millimètres de longueur avec parfois moins de $0^{mm}10$ de largeur. Plus rarement, le diallage est simplement ouralitisé suivant le mode habituel.

Ces transformations, s'effectuant dans des fissures du diallage, sont incontestablement de nature secondaire; elles rappellent celles qui ont été décrites plus haut dans les lherzolites.

Les *diopsidites à grenat* de Lherz montrent de remarquables kelyphites très finement fibreuses dans lesquelles il est impossible de distinguer du feldspath.

Les *diallagites à grenat* de Prades présentent des phénomènes du même ordre, les plages de grenat et de spinelle sont corrodées à leur périphérie : elles se transforment en une substance verte colloïde, peu réfringente, tenant en suspension des flammèches et des arborisations d'une matière ferrugineuse et opaque, englobées çà et là par de l'amphibole.

Ces produits d'altération abondent parfois dans les roches présentant la structure en ciment.

Le maximum de complication offert par ces phénomènes de transformation se trouve dans les *diallagites à hornblende et grenat* de l'étang de Lherz.

A l'état normal, cette roche est formée de spinelle vert, de grenat et de diallage moulés par de la hornblende. La structure en ciment y est fréquente. C'est souvent dans les roches dynamométamorphisées que s'observent les phénomènes qui viennent d'être décrits et qui semblent nécessiter l'existence du grenat.

Dans les roches peu modifiées, on voit le grenat, généralement associé au spinelle, se corroder ; ses fragments déchiquetés sont noyés dans de l'andésine maclée suivant la loi de l'albite, renfermant de fines vermiculisations de spinelle vert, soit seul, soit enveloppé dans des houppes d'amphibole; celle-ci, au contact du pyroxène, s'accole à sa paroi et parfois s'oriente sur lui.

Quand la transformation est poussée plus loin, toutes les plages d'origine secondaire se réunissent, englobant des fragments déchiquetés des éléments primordiaux. La transformation s'est effectuée sans mouvement de la roche, car à travers les minéraux néogènes, on observe souvent des îlots anciens orientés les uns sur les autres et dans lesquels on reconnaît des fragments d'un cristal unique de pyroxène ou de hornblende. Les grandes plages de spinelle s'égrènent dans le feldspath.

Le résultat ultime de cette transformation constitue une des plus étranges roches que j'ai eu l'occasion de voir et dont il serait certainement impossible de reconstituer l'histoire, si l'on n'avait en mains tous les stades successifs du phénomène. La roche ainsi modifiée, ne représente pas cependant la dernière étape de transformation. On voit apparaître parfois du dipyre qui peu à peu épigénise les petites plages feldspathiques suivant le mode que j'ai décrit dans les ophites de cette région[1] ; un cristal unique de dipyre se formant aux dépens d'un nombre considérable de plages feldspathiques. La roche est alors composée par de grandes plages de dipyre : elles moulent les fragments anciens non transformés dont elles renferment les débris sous forme de petites inclusions accompagnées par le spinelle et l'amphibole néogènes.

Les modifications minéralogiques qui viennent d'être décrites transforment donc une roche à grands éléments en une roche à plus grands éléments encore par l'intermédiaire d'une roche possédant une pâte microcristalline.

§ III. — Considérations sur ces roches filonniennes

Des faits exposés dans ce chapitre, il résulte qu'il existe deux familles de roches granitoïdes, dépourvues à la fois de feldspath et d'olivine. Des pyroxènes ou de la hornblende en sont les éléments essentiels.

Ces roches se rencontrent associées à des péridotites dans des gisements autres que ceux des Pyrénées.

Le tableau suivant résume leur composition minéralogique en ne tenant pas compte du spinelle qui ne manque jamais.

		Composition minéralogique		Gisements
Pyroxènes dominants (*Pyroxénolites*)	Bronzite dominante. (*Bronzitites*).	Bronzite seule	*Bronzitite normale*	Nouvelle-Calédonie.
		Bronzite et diopside	*Bronzitite à diopside*	Pyrénées, Piémont, Nouvelle-Calédonie, Caroline du Nord, Maryland, Afrique australe.
		Bronzite, diopside, grenat, ± mica	*Bronzitite à diopside, grenat, etc.*	Lherz, Afrique australe
	Diopside chromifère dominant. (*Diopsidites*).	Diopside et grenat	*Diopsidite à grenat*	Lherz.
	Diallage dominant. (*Diallagites*).	Diallage (± bronzite et diopside)............	*Diallagite normale*	Pyrénées, Piémont, Nouvelle-Zélande.
		Diallage, grenat (± bronzite	*Diallagite à grenat*	Prades, Moncaup.
		Diallage, hornblende (+ bronzite, olivine, grenat.)............	*Diallagite à hornblende*	Lherz.
Amphibole dominante (*Amphiboloilites*)	Hornblende dominante (*Hornblendites*).	Hornblende (± mica et pyroxène)........	*Hornblendite normale*	Lherz.
		Hornblende et grenat (± pyroxène........	*Hornblendite à grenat*	Lherz.

[1] *Bull. Soc. minér.*, XIV. 16, 1891. voir pl. I.

On voit d'après ce tableau qu'il existe des passages entre ces diverses roches, comme il en existe du reste dans toutes les familles pétrographiques possibles, mais chacun des types que j'ai distingués me paraît assez bien défini pour que je croie utile de le désigner par un nom spécial.

Ces roches présentent avec la lherzolite d'étroites relations ; la bronzite et le diopside chromifère sont communs à ces deux familles pétrographiques, la hornblende des diallagites et des hornblendites est la même que celle qui joue un rôle accessoire dans la lherzolite. Quant au spinelle, dans les bronzitites il est souvent moins chromifère que dans la lherzolite et pas chromifère du tout dans les diallagites. Le grenat pyrope, le diallage et le mica sont les seuls minéraux spéciaux à ces roches filoniennes.

Les lherzolites, les pyroxénolites et les hornblendites proviennent donc sans aucun doute du même magma initial. La seule question sur laquelle on puisse discuter consiste dans la façon dont elles se sont produites aux dépens de ce magma.

J'ai fait voir que dans les lherzolites étudiées en masse, on voyait parfois certains de leurs éléments se concentrer dans des directions parallèles[1], se réunir en lits minces plusieurs fois répétés, séparés les uns des autres par un peu de lherzolite normale et produire ainsi des pseudo-filons, or ces éléments sont précisément ceux qui constituent les bronzitites à diopside, c'est-à-dire la bronzite, le diopside chromifère et la picotite. D'autre part, j'ai observé, bien que rarement, à Porteleny, à la Fontète-Rouge, etc., au milieu de la lherzolite normale, des concentrations irrégulières des mêmes minéraux.

Il semble donc que les *bronzitites à diopside* aient pu se produire par une différenciation du magma lherzolitique effectuée sans qu'il y ait eu production successive de deux roches distinctes. Dans cette hypothèse, la rectilignité de ces pseudo-filons implique d'une façon nécessaire une différenciation effectuée quand la roche intrusive n'était plus en mouvement.

Mais dans la plupart des cas, et notamment pour les *diallagites* il me semble plus probable qu'il y a eu production successive de deux roches distinctes, la diallagite ayant rempli des fentes de la lherzolite déjà consolidée. Si ces roches étaient produites par différenciation effectuée dans la masse intrusive elle-même et non dans la partie du magma restée fluide au-dessous de la lherzolite après son intrusion, on devrait s'attendre à trouver les hornblendites et les diallagites surtout dans les lherzolites à hornblende, or à Caussou, gisement de la *lherzolite à hornblende*, il n'existe ni *hornblendite*, ni *diallagite à hornblende*: ces roches au contraire sont surtout abondantes à Lherz dans la *lherzolite* normale, ne renfermant qu'extrêmement peu de hornblende comme élément accessoire microscopique.

---

[1] Il se passe dans ce cas un fait analogue à celui qui vient d'être signalé par MM. A. Geikie et J. H. Teall, dans les gabbros tertiaires de l'île de Skye qui prennent parfois une structure rubanée par la concentration, suivant des directions parallèles, de divers éléments et en particulier du pyroxène et de la magnétite *Proceed. of the geol. Society of London*, n° 627, p. 101. Juin 1894).

A l'Escourgeat, j'ai observé dans la lherzolite de minces fissures tapissées de hornblende qui m'ont rappelé les fentes des gabbros du sud d'Ax (Ariège) que l'on voit quelquefois remplies par de l'orthose et de la tourmaline dont l'origine postérieure ne peut laisser aucun doute.

Les relations stratigraphiques de ces roches filonniennes et des lherzolites sont tout à fait comparables à celles des filonnets pegmatoïdes et des roches granitiques qu'ils traversent.

Du reste il n'est pas impossible que les bronzitites à diopside aient eu un double origine. Ne voit-on pas des norites se produire par différenciation d'un massif de lherzolite sans qu'il soit possible d'établir de limites précises entre les deux roches, comme en Andalousie par exemple [1], alors que dans d'autres régions péridotiques (Nouvelle-Calédonie, etc.) les norites traversent les péridotites sous forme de filons minces.

Celle des roches étudiées dans ce chapitre qui ont été trouvées dans des gisements étrangers y forment parfois à elles seules des masses importantes (Alpes du Tyrol, Maryland): elles sont généralement en partie transformées en serpentine, tandis que les roches similaires des Pyrénées résistent à ce genre de décomposition.

Le tableau suivant montre les relations de mes roches filoniennes avec les divers types du groupe des péridotites et de celui des roches feldspathiques.

Famille des pyroxénolites et des amphibololites	Famille des péridotites	Famille des roches feldspathiques
Bronzitite	Harzburgite	} norites
Bronzitite à diopside	Lherzolite	
Diallagite	Wehrlite	gabbro
Hornblendite	Picrite à hornblende	diorite

L'acquisition de péridot ou de feldspath conduirait les pyroxénolites et les hornblendites aux roches des autres groupes dont les noms se trouvent sur la même ligne horizontale, mais il n'est pas sans intérêt de faire remarquer que ces passages n'existent pas dans les Pyrénées, tout comme dans cette région on ne constate aucun passage entre les lherzolites et les roches feldspathiques.

II. ROCHES FELDSPATHIQUES

Dans les lherzolites serpentinisées de la partie sud-est du Tuc d'Ess, j'ai trouvé des filons verticaux d'une roche dense, très dure, offrant à l'œil nu l'apparence d'une amphibolite noire. L'amphibole est en effet disposée en lits parallèles aux parois des filons qui n'ont jamais que quelques décimètres d'épaisseur.

Le type le plus fréquent est formé en grande partie par des cristaux d'amphi-

---

Michel Lévy. *Op. cit.*

bole, allongés suivant l'axe vertical et souvent maclés suivant h^1 (100). Ces cristaux sont empilés et englobent de l'oligoclase-albite grenue. Le feldspath n'est jamais très abondant, parfois il manque complètement. Il existe, en outre du sphène, de l'ilménite ; enfin très fréquemment la roche est imprégnée de dipyre secondaire dont les grands cristaux épigénisent le feldspath ; ces roches sont aussi traversées de veinules de dipyre. L'amphibole est pléochroïque dans les teintes suivantes :

$$n_g = \text{brun grisâtre.}$$
$$n_m = \text{brun clair.}$$
$$n_p = \text{jaune pâle.}$$

Elle renferme de fines inclusions noires filiformes ; son angle d'extinction dans g^1 (010) atteint 18°.

Cette roche est une *diorite*, sa structure schisteuse est fort singulière d'autant plus que ses éléments ne présentent aucune trace de déformation mécanique. Je me suis demandé tout d'abord si je n'étais pas en présence de lambeaux sédimentaires englobés dans la lherzolite et métamorphisés. Cette hypothèse doit être rejetée ; ces roches en effet forment des filons fort nets que j'ai observés sur plusieurs mètres de longueur, avec parfois moins d'un décimètre d'épaisseur ; ils sont verticaux, disposés toujours de la même façon et en outre ils n'ont aucune analogie de composition avec les nombreuses roches métamorphiques du même gisement. Ces diorites schisteuses peuvent être comparées, au point de vue de la structure, aux *œgyrinditroitschiefer* de M. Brögger.

Je n'ai recueilli à Moncaup qu'un seul échantillon d'une roche à grands éléments qui ne diffère du type précédent que par la plus grande dimension de ses minéraux constitutifs et son absence de schistosité.

Dans ce même gisement du Tuc d'Ess, et surtout près du hameau des Comères, j'ai observé des blocs de feldspath fort intéressants ; ils paraissent former dans la lherzolite, soit des filons, soit des sortes de poches que je n'ai jamais pu suivre sur plus de 2 mètres de longueur et sur 1 mètre de large. Je ne les ai malheureusement observés que dans les points où la lherzolite entièrement serpentinisée tombe en ruine, de telle sorte qu'il est impossible de recueillir un échantillon formé à la fois par les deux roches. J'ai pu cependant constater qu'à proximité de la lherzolite, la roche feldspathique se charge de gros cristaux d'amphibole d'un vert clair. La roche normale est essentiellement formée par du feldspath triclinique blanc ou gris bleuâtre ; j'en ai recueilli des fragments ayant 10 cm. de plus grande dimension et formés par un seul cristal, montrant de fines stries sur le clivage *p*. Fort souvent ces grands cristaux sont empâtés par une masse saccharoïde blanche.

Au microscope, on constate que cette masse est constituée par des grains arrondis de feldspath qui paraissent être le résultat de la trituration des grands cristaux dont ils pénètrent les nombreuses fissures. Ces grands cristaux sont du reste arrondis, déchiquetés et tordus, offrant en lumière polarisée les ombres roulantes et toutes les particularités des minéraux qui ont subi de violentes actions mécaniques.

Ce feldspath est de l'*oligoclase-albite*. Ses angles d'extinction sont de 2° sur p (001) et de 10° sur g^1 (010). Les clivages g^1 (010) donnent en lumière polarisée convergente une image symétrique autour de la bissectrice n_g. L'angle d'extinction rapporté à la trace de g^1 (010 est de 6° autour de n_g, de 84° autour de n_p. L'angle des axes optiques (2 V) est très voisin de 90°, mais il est probable que la bissectrice aiguë est positive. Enfin la densité est de 2,615. Tous ces caractères sont ceux de l'oligoclase-albite.

Ce feldspath est traversé par des filonnets de dipyre secondaire parfois accompagné de trémolite.

L'amphibole vert clair qui s'observe aux salbandes est, ou bien englobée par le feldspath d'une façon uniforme, ou bien concentrée dans des nids dépourvus de feldspath. Elle est très allongée suivant l'axe vertical et colorée en vert pâle en lames minces.

L'interprétation de cette roche n'est pas très facile : les affleurements que j'ai observés constituent ensemble à peine 5 à 6 mètres carrés et ils ne sont pas suffisants pour que l'on puisse affirmer leur nature filonnienne.

Dans la région qui nous occupe, il n'existe en dehors de la lherzolite aucune roche éruptive autre qu'une ophite, qui se trouve il est vrai, à quelques mètres de la lherzolite, mais comme je n'ai pu voir le contact immédiat des deux roches, il est impossible de préciser leurs relations mutuelles.

Du reste le feldspath en question est plus acide que celui de l'ophite et aucun des nombreux gisements ophitiques des Pyrénées que j'ai visités ne présente de concentrations feldspathiques comparables à celle du Tuc d'Ess : il n'y a donc pas de raison pour faire de celle-ci une dépendance des ophites.

Le mode de formation de ces filons feldspathiques et des roches similaires du Tuc d'Ess doit peut-être être comparé à celui des veinules à dipyre et de celles à feldspath décrites plus haut dans la lherzolite. Comme, dans ce cas, au Tuc d'Ess, sur les salbandes de ces filonnets, il existe de l'amphibole vert clair, allongée suivant l'axe vertical et ne présentant pas les caractères d'une amphibole normale de diorite. Au Tuc d'Ess, la décomposition de lherzolite dans les points où j'ai trouvé ces feldspaths ne permet malheureusement pas d'étudier le contact des deux roches.

J'ai fait remarquer plus haut qu'à peu de distance du filonnet feldspathique du ravin de Lherz, la lherzolite est recouverte par de la brèche lherzolitique, dans laquelle j'ai découvert des blocs de lherzolite traversés par des filonnets identiques, les filonnets de dipyre se rencontrent aussi dans les blocs de la brèche lherzolitique. Cette constatation vient préciser mon argumentation, en prouvant en effet que la formation de ces filonnets feldspathiques, est antérieure au jurassique supérieur : elle confirme l'explication que j'ai proposée pour les filonnets de dipyre qui auraient été formés par voie de concrétion ou de fumerolles dans les fentes de la roche intrusive par les agents minéralisateurs amenés par elle au moment de l'intrusion. Dans cette hypothèse, les filonnets de dipyre, les filons et filonnets feldspathiques de la lherzolite auraient donc une même origine; ce seraient en quelque sorte des phénomènes endomorphes produits dans la roche intrusive en même temps que des phénomènes exomorphes développaient les mêmes minéraux (feldspaths, dipyre, amphibole), dans les sédiments voisins.

CHAPITRE V

ÉTUDE PARTICULIÈRE DES DIVERS PHÉNOMÈNES DE CONTACT.

FEUILLE DE FOIX

§ 1. — ENVIRONS DE PRADES

A l'entrée du village de Prades, sur la route du col de Marmare, débouche du côté de l'ouest un torrent descendant du Signal de Caussou. Il est dominé au nord par le piton lherzolitique du point 1711 de la carte d'état-major et au sud par celui du pic de Géralde. Les ravins qui descendent du pic 1711 sont, à leur partie supérieure, creusés dans la lherzolite, à la partie moyenne et inférieure dans des calcaires noirs, alternant avec des lits schisteux ou plutôt rubanés de même couleur. Tantôt ces deux catégories de roches forment une succession de petits lits peu épais, tantôt, au contraire, l'une ou l'autre constitue à elle seule des bancs épais distincts.

C'est en haut de ce ravin que j'ai relevé la coupe représentée par la figure 1 (page 9) et dans laquelle on voit au milieu des calcaires disloqués une petite bosse de lherzolite ayant environ 12 mètres de diamètre. A son contact immédiat, les calcaires sont devenus blancs très cristallins et se sont chargés des minéraux qui vont être décrits plus loin.

Les assises schisto-calcaires qui constituent les sédiments avoisinant la lherzolite sont toujours métamorphisées, mais à part le contact immédiat de la roche intrusive, les modifications qu'elles présentent ne se manifestent pas par une transformation aussi complète, et il faut souvent le secours du microscope pour les remarquer.

Les schistes noirs sont fragiles et souvent traversés par des veines blanches de dipyre ou de prehnite de plusieurs centimètres d'épaisseur, parallèles ou obliques à la schistosité ; par places, il existe des lits de véritables cornéennes.

a. *Calcaires à minéraux.*

Ces calcaires, à plus ou moins grands éléments, présentent une grande variation dans leurs éléments métamorphiques que l'on ne peut guère apercevoir qu'en étudiant les roches en lames minces, bien que quelques-uns d'entre eux atteignent 1^{mm} de plus grande dimension. Ils sont en effet toujours colorés en gris ou en noir par la matière charbonneuse qui imprègne le calcaire lui-même ; ce n'est qu'au contact immédiat de la lherzolite que celui-ci devient blanc.

L'élément le plus caractéristique de ce gisement est la *hornblende* qui se détache en petits cristaux noirs sur les surfaces lavées par les eaux atmosphériques. En lames minces, sa couleur rappelle plus celle de la tourmaline que celle d'une amphibole. Dans un même cristal, la couleur n'est souvent pas la même au centre et sur les bords. Son pléochroïsme est intense dans les teintes suivantes :

$$n_g = \text{bleu verdâtre (bords) à jaune vert (centre)},$$
$$n_m = \text{vert bleu},$$
$$n_p = \text{jaune pâle}.$$

L'angle d'extinction dans g^1 (010) est de $25°$ environ.

Les autres minéraux que l'on rencontre dans ces calcaires sont : l'*orthose*, le *microcline*, l'*anorthite*, le *pyroxène* incolore en lames minces, le *sphène*, la *biotite*, la *phlogopite*, la *trémolite*, le *quartz*.

Ces divers minéraux ne se trouvent pas réunis dans les mêmes échantillons, ils forment des associations favorites, dont je vais décrire quelques-unes.

Dans les calcaires renfermant de l'amphibole verte en cristaux automorphes et de l'orthose, ce dernier minéral englobe souvent l'amphibole ainsi que de petits cristaux de sphène.

Des calcaires contenant de l'amphibole, de la biotite, de l'anorthite ou de la bytownite et de l'orthose présentent souvent un cristal de chacun de ces minéraux groupés ensemble sous forme de petits nodules. Leur ordre de succession n'est pas fixe ; tantôt, en effet, l'amphibole est englobée dans le mica et celui-ci dans l'orthose, tantôt, au contraire, c'est le mica ou l'amphibole qui moulent les autres éléments.

Un échantillon renferme du dipyre et de l'amphibole en grands cristaux dendriformes au milieu de la calcite ; parfois ces deux minéraux sont emboîtés et enchevêtrés l'un dans l'autre suivant une surface de contact des plus sinueuses ; quand on éteint l'un d'eux en lumière polarisée parallèle, on voit apparaître les formes découpées de l'autre. Dans cette roche, le dipyre constitue aussi de longs cristaux allongés suivant l'axe vertical et renfermant souvent au centre un noyau d'orthose.

J'ai rencontré des lits de calcaires dans lesquels le dipyre forme de grands cristaux découpés et criblés de matière charbonneuse ; du pyroxène en grandes plages également découpées, avec de très fines macles polysynthétiques suivant h^1 (100), du sphène se rencontrent dans la même roche associés à des agrégats de grains de quartz. Ce minéral ne peut être pris pour un élément ancien détritique, il renferme en effet tous les minéraux précédents à l'état d'inclusions. Il se distingue notamment du dipyre en lumière naturelle par sa limpidité parfaite. Ce caractère permet de le différencier au premier abord quand on rencontre côte à côte une plage de dipyre et une plage de quartz taillées perpendiculairement à l'axe optique unique ; le signe de cet axe, positif dans le quartz, négatif dans le dipyre, joint à la biréfringence et à la réfringence plus grandes du dipyre, complète ce diagnostic.

Tous les calcaires qui viennent d'être passés en revue se rencontrent à proximité de la lherzolite, mais non à son contact immédiat ; ils renferment toujours un pigment charbonneux.

Au contact immédiat de la bosse intrusive, représentée par la figure 1, page 9, le calcaire, au contraire, est blanc, à grandes lames de calcite. On y distingue à l'œil nu des cristaux d'amphibole dépassant 3 cent. suivant l'axe vertical, des lames de biotite et des minéraux blancs que le microscope permet de différencier les unes des autres (dipyre et microcline).

L'amphibole est d'un vert tellement foncé, qu'en lames minces elle est presque opaque suivant n_g ; la biotite lui est souvent intimement associée. Tous les minéraux sont englobés par le microcline en grandes plages parfaitement limpides, qui se distingue de celles de l'orthose des roches précédentes par ses macles et les angles d'extinction caractéristiques, ainsi que par l'angle des axes optiques voisin de 90°. Le dipyre est criblé de paillettes arrondies de biotite, et cette particularité devient une véritable caractéristique du minéral quand il est englobé par le microcline, absolument privé de semblables inclusions.

b. *Calcaires passant aux cornéennes.*

A côté de ces calcaires à grands éléments, et parfois alternant avec eux, se rencontrent dans les ravins de Prades des calcaires compacts dans lesquels les éléments silicatés sont plus nombreux. mais plus petits que dans les roches précédentes. Quand ils deviennent très abondants, la calcite diminue et la roche passe à de véritables cornéennes. L'*orthose*, plus rarement le *microcline*, le *mica* incolore ou jaune pâle, le *dipyre*, l'*amphibole*, le *sphène* en sont les éléments essentiels. Ils renferment tous de très nombreuses inclusions charbonneuses. Localement, la matière charbonneuse les moule et çà et là on voit apparaître de grands cristaux porphyroïdes de dipyre ou d'amphibole qui englobent tous les éléments grenus.

Les proportions relatives des divers minéraux qui viennent d'être énumérés varient à l'infini. Quelques-uns d'entre eux peuvent s'isoler dans des lits spéciaux. Il serait oiseux d'entrer dans plus de détail sur des combinaisons qui ne sont soumises à aucune règle et qui ne présentent aucune particularité de structure.

c. *Cornéennes.*

La disparition totale de la calcite dans les roches qui viennent d'être passées en revue conduit à des cornéennes rubanées et à grains fins.

Ce n'est qu'exceptionnellement que l'on trouve à Prades des cornéennes à

grands éléments comparables à celles qui seront étudiées dans les gisements
suivants. J'ai cependant recueilli une cornéenne formée de *dipyre* grenu (0^{mm},12
environ de diamètre). renfermant quelques grains de *sphène* et de *pyroxène*,
ainsi que de grands cristaux porphyroïdes du même minéral.

d. Schistes ou cornéennes quartzifères.

Les roches précédentes ne renferment pas de quartz, il n'en est pas de même
des lits noirs intercalés au milieu des calcaires. Ils présentent une composition
assez variée ; ils sont rubanés et parfois rendus schisteux par l'orientation de
l'amphibole et du pyroxène.

Leur structure est grenue ; les grains de *quartz* sont généralement associés
à des feldspaths (*orthose*, *microcline*, plus rarement *anorthite*): du *pyroxène*, de
l'*amphibole*, du *mica* et de la *zoïsite*, moulent les éléments précédents à la façon
du mica des schistes micacés. Les éléments ferrugineux sont extrêmement
abondants dans certains échantillons formant une sorte de trame continue qui
englobe les minéraux blancs. tandis que dans d'autres, au contraire, ils sont
clairsemés, prenant des contours géométriques dès qu'il existe dans la roche
un peu de calcite. Le *rutile* et le *sphène* sont parfois en outre abondants.

Le quartz de ces roches est en partie primaire, mais il a été en grande
partie remis en mouvement, car il renferme parfois en inclusions les autres
minéraux néogènes.

Lorsque la proportion de quartz est faible, ces roches passent aux cornéennes
et celles-ci sont souvent alors riches en dipyre.

Quant aux minéraux blancs dont j'ai parlé plus haut et qui s'observent à
l'œil nu dans ces schistes noirs, soit en lits parallèles à la stratification, soit en
veinules coupant les strates sous les angles les plus divers, ils sont formés par du
dipyre, du *quartz* ou par de la *prehnite*; celle-ci possède tantôt la structure fibrola-
mellaire qui lui est habituelle, tantôt au contraire une texture compacte résultant
de l'enchevêtrement irrégulier de petites lamelles microscopiques. Il est facile
de vérifier sur ce minéral toutes les propriétés optiques de la prehnite. Son
indice médian, relativement fort (1.63) pour un minéral secondaire, le fait distinguer des zéolites qui. dans les autres gisements étudiés dans ce mémoire et
même à Prades, se forment si fréquemment dans de semblables conditions.

Développement drusique de zéolites. — Les fissures de toutes les roches métamorphiques de ce gisement et particulièrement celles des calcaires sont tapissées de cristaux de *calcite* et de très petits rhomboèdres de *chabasie*.

§ II. — BOIS DU FAJOU, PRÈS CAUSSOU.

Le contact du bois du Fajou est le premier que j'ai découvert, c'est celui que
j'ai décrit en détail dans mon mémoire des *Nouvelles Archives du Muséum*. Le

ravin du bois du Fajou est creusé dans un des contreforts du signal de Caussou; il vient finir sur la route du col de Marmare à Caussou, à environ 1200 mètres de ce village.

Dans le fond du ravin, on voit à droite et à gauche des masses de lherzolite sur lesquelles s'appuient les calcaires blancs supérieurs.

La roche éruptive est en plusieurs endroits en contact avec les assises argilo-calcaires liasiques. Dans l'escarpement de gauche, ces roches peuvent être vues sur une petite surface, mais le contact est remarquablement net (pl. II), il est d'un accès assez pénible. La lherzolite a relevé les couches liasiques, les a dis-loquées et pénétrées par places. On les voit aujourd'hui former une enveloppe grossièrement concentrique à la roche éruptive. Elles sont presque verticales et plongent vers le nord-est. Le contact s'est effectué perpendiculairement à la schistosité des calcaires.

Les produits de transformation sont très variés. Au contact immédiat, le cal-caire est très cristallin, mais pauvre en minéraux. A quelques mètres plus loin, on observe une alternance de ce calcaire cristallin et des diverses roches méta-morphisées (*schistes micacés, cornéennes, roches amphiboliques*) qui vont être dé-crites. Ces types pétrographiques forment individuellement, soit des bancs dis-tincts de quelques centimètres d'épaisseur, de quelques décimètres au plus, soit des accidents au milieu les uns des autres.

Les calcaires micacés, comme du reste la plupart de ces roches métamor-phiques, se décomposent très facilement, donnant alors une terre jaunâtre qui se transforme en boue glissante à la moindre humidité: ces roches sont en perpé-tuelle démolition et rendent difficiles, dangereux même, les quelques mètres de rochers qui dominent un couloir à pic que je n'ai pu franchir pour voir jusqu'où s'étendait la transformation.

Ce contact doit être abordé par le bas du ravin, il est inaccessible par la crête. C'est lui qui m'a fourni toutes les roches précédemment décrites. Cette année, j'ai parcouru le côté opposé (N. O.) du ravin en l'abordant par la crête. On peut y descendre par un couloir taillé naturellement dans les assises métamorphiques. Celles-ci, beaucoup moins variées que dans l'autre partie du bois, sont presque uniformément constituées par des lits de cornéennes de quelques centimètres d'épaisseur, alternant avec des bancs de calcaire micacé de même épaisseur qui tombent en arènes et laissent en relief les bancs de cornéennes. Çà et là, on voit apparaître comme accidents les autres types qui seront décrits plus loin. Le contact immédiat avec la lherzolite n'a pu être observé, car en appro-chant de celle-ci, le couloir est rempli d'éboulis.

Grâce à la démolition incessante de ces roches modifiées, on peut facilement recueillir en bas du ravin une collection de tous leurs types, mais on n'en trouve guère en dehors de celui-ci, car elles sont trop fragiles pour pouvoir être charriées au loin.

On peut distinguer dans ces roches métamorphisées les quatre types suivants:

a. Calcaires à minéraux.

b. **Schistes micacés tachetés.**

Contact de la Lherzolite (A)

et des Calcaires liasiques (L) profondément métamorphisés

c. **Roches amphiboliques.**

b. **Cornéennes.**

a. *Calcaires à minéraux.*

Ces calcaires sont cristallins, tantôt pauvres, tantôt extrêmement riches en minéraux parmi lesquels domine un mica jaune clair presque incolore en lames minces. C'est lui qui par son orientation détermine le rubanement du calcaire. Quand il est très abondant, la roche se décompose facilement. Ce mica est une *phlogopite* à axes très rapprochés, il se chloritise fréquemment ; il est parfois accompagné par un *pyroxène* (diopside) incolore, souvent dentelliforme au milieu de la calcite ; plus rarement, on observe de l'*actinote* à peine colorée en vert, de l'*albite* et du *dipyre* ; ces minéraux ont des formes géométriques, mais arrondies et par suite peu déterminables.

b. *Schistes micacés tachetés.*

Cette catégorie de roches métamorphiques est très fréquente et très caractéristique. A l'œil nu, on distingue au milieu de paillettes de *biotite* des taches blanches globuleuses ou allongées ayant de 2 mm. à 1 cm. Certains échantillons sont très schisteux, alors que dans d'autres il n'y a pas trace d'orientation des éléments. Ces roches ne sont pas sans analogie de caractères extérieurs avec quelques schistes micacés à andalousite (schistes maclifères) de contact du granite. Leur composition minéralogique est très variée ; on peut y distinguer les deux types suivants :

α. *Schistes tachetés à dipyre.* — Les taches blanches de ces schistes sont formées chacune par un globule arrondi de *dipyre* entouré par un mélange de *biotite*, de *pyroxène* et de *tourmaline*.

Au microscope, on constate que ces globules de dipyre ne sont pas homogènes, mais criblés de grains et de paillettes de *pyroxène*, de *mica* et de *tourmaline*. Leurs dimensions sont très variables et n'atteignent souvent pas 0 mm. 01 ; leur orientation est quelconque ; ils sont parfois si abondants que leur hôte est réduit à une sorte de ciment homogène qui les relie les uns aux autres.

La biotite est très ferrugineuse et se distingue par ce caractère de la phlogopite des calcaires, elle aussi est criblée d'inclusions de pyroxène et de tourmaline. Ce dernier minéral est le seul automorphe dans la roche, il est de couleur bleu verdâtre et appartient au type magnésien.

Dans quelques échantillons, le dipyre, au lieu d'être globuleux, est allongé suivant l'axe vertical parallèlement auquel s'orientent ses inclusions ; le pyroxène se présente non plus en grains inégaux, mais en cristaux plus gros, criblés de paillettes de mica.

Ces schistes micacés ne sont généralement pas schisteux, mais dans quelques échantillons, le mica est orienté suivant des plans parallèles au milieu du dipyre globuleux ; le pyroxène prend parfois la même disposition.

Enfin, dans quelques échantillons, la composition des globules est plus complexe ; ils sont constitués par du dipyre dentelliforme au milieu de grains de calcite. Ce dipyre, comme le précédent, forme des groupements pœcilitiques avec du pyroxène, de la tourmaline, etc.

L'importance relative du ciment micacé et des globules blancs est très variable ; quand ces derniers sont très abondants, ils sont pressés les uns contre les autres et la roche passe aux cornéennes.

β. *Schistes tachetés à feldspaths.* — Ces roches sont schisteuses et passent souvent aux cornéennes.

Les taches sont formées par de l'*anorthite* et du *pyroxène* peu ferrugineux, entourés par un mélange de lamelles de *biotite*, d'*anorthite* et de *pyroxène* grenus. L'anorthite n'est pas toujours maclée, ce qui rend alors son diagnostic difficile. Sa réfringence, sa biréfringence, le grand écartement des axes autour de sa bissectrice aiguë *négative*, enfin sa facile attaquabilité par les acides permettent aisément dans ce cas de distinguer l'anorthite de l'orthose qui se trouve souvent dans les roches métamorphiques étudiées dans ce mémoire.

Quand il existe des macles, l'angle d'extinction dépasse 45° dans la zone de symétrie perpendiculaire à g^1 (010). L'angle d'extinction par rapport à la trace de g^1 (010) dans les sections perpendiculaires à la bissectrice aiguë *négative* est de 56° ; celui des sections perpendiculaires à n_g est de 48°. Ces nombres sont ceux qui caractérisent l'anorthite. Le pyroxène de ces roches présente souvent des macles polysynthétiques suivant h^1 (100) ; il est très riche en paillettes micacées qui se rencontrent en moindre abondance dans l'anorthite.

Aux éléments qui viennent d'être décrits, se joint parfois du dipyre en grains ou en plages moulant l'anorthite ; le passage de ces roches aux *schistes tachetés à dipyre* se fait par le développement de grandes plages pœcilitiques de dipyre au milieu des éléments précités.

c. *Roches amphiboliques.*

Ces roches ressemblent, à l'œil nu, à des amphibolites plus ou moins schisteuses. L'examen microscopique fait voir que l'*amphibole*, très allongée suivant l'axe vertical, est généralement accompagnée de *mica noir*, de gros cristaux de *tourmaline*, d'*anorthite* et parfois de *calcite*. Nous retrouverons en plus grande abondance ce type pétrographique dans les contacts de la forêt de Freychinède.

d. *Cornéennes.*

Les cornéennes sont plus variées encore que les roches précédemment étudiées. Elles sont très denses, compactes, tantôt très fragiles, tantôt fort tenaces ;

fréquemment elles sont rubanées par suite de l'existence de zones alternativement blanches et colorées. Les dimensions de leurs éléments constitutifs varient de moins de 0 mm.10 à plusieurs centimètres. La transition entre les roches compactes et celles à grands éléments est parfois lentement ménagée, dans d'autres cas elle est brusque. Les cornéennes à grands éléments forment généralement des amandes au milieu de roches à grains fins ; elles sont moins fréquentes que ces dernières, je les examinerai tout d'abord.

α). *Cornéennes à grands éléments.* — Ces roches renferment parfois encore un peu de calcite grâce à laquelle les autres minéraux ont pu prendre des formes géométriques ; ce sont généralement des *pyroxènes* brun ou brun verdâtre en masse, incolores en lames minces, du *mica*, du *dipyre*, une *amphibole* d'un vert brunâtre presque incolore en lames minces et enfin de l'*anorthite*.

Ces cornéennes portent souvent l'empreinte de puissantes actions mécaniques, leurs éléments sont écrasés et présentent entre les nicols croisés des extinctions roulantes; le pyroxène possède des plans de séparation et de fines macles suivant p (001) et h^1 (100), l'amphibole montre des plans de séparation suivant p (001) : elle est souvent géométriquement orientée sur le pyroxène qui est aussi faculé d'amphibole d'ouralitisation. Ces deux substances sont généralement dentelliformes et leurs cavités sont remplies par du *mica*, du *dipyre* et de *l'anorthite*. Ces deux derniers minéraux manquent parfois.

J'ai recueilli cette année des cornéennes qui méritent une mention spéciale. Elles sont blanches et essentiellement constituées par de grandes plages d'anorthite, maclées suivant les lois de l'albite et de la péricline, englobant du sphène et du pyroxène. Celui-ci se trouve soit en grains ou en cristaux allongés suivant l'axe vertical — dans une même plage d'anorthite ces grains ont une orientation quelconque (*structure pœcilitique*) —, soit en grands cristaux — dans une même plage d'anorthite, ils s'orientent quelquefois en grand nombre (*structure pegmatique*). Le pyroxène est par place ouralitisé et accompagné d'un peu de dipyre. La structure de cette cornéenne est identique à celle que j'ai récemment observée dans un *gneiss à pyroxène* des environs de Montbrison, qui m'a été communiqué par M. de Chaignon. Cette cornéenne présente des lits colorés riches en biotite dans lesquels le pyroxène et le dipyre deviennent plus abondants que l'anorthite qui disparaît même parfois.

J'ai observé plusieurs groupements de dipyre et d'amphibole dans lesquels l'axe vertical de ces deux minéraux se trouve dans la même direction.

Les éléments constitutifs de ces cornéennes et particulièrement l'amphibole et le pyroxène sont souvent criblés d'inclusions de pyroxène, de dipyre, de micas en éléments extrêmement petits.

β). *Cornéennes compactes.* — Les cornéennes compactes sont formées de lits alternativement blancs, gris ou violacés.

Les *lits violacés* établissent le passage aux schistes micacés ; ils doivent leur couleur à de très nombreuses petites paillettes de *biotite*. Ils sont essentiellement formés par des plages globuleuses de *dipyre*, pressées les unes contre les autres possèdent les inclusions et la structure du dipyre des schistes tachetés.

Dans les types de passage à ces dernières roches, les globules sont encore séparés les uns des autres par un peu de *mica* et de *pyroxène*. A l'œil nu, ces roches sont tigrées. Souvent les lits blancs alternant avec les lits violets ne diffèrent de ces derniers que parce que le *pyroxène* y a complètement remplacé le *mica* ; le dipyre y est moins globuleux, ce qui s'explique aisément, le mica n'étant plus là pour délimiter les plages de dipyre. Le mica et le pyroxène sont souvent orientés au milieu du dipyre qui a une orientation quelconque.

Les *cornéennes blanches* ont une composition plus complexe. Elles sont alors formées de *dipyre*, d'*anorthite*, de *pyroxène* et d'*amphibole*.

Rarement de grands cristaux de *pyroxène* et d'*amphibole* sont disséminés au milieu d'*anorthite* finement grenue ; la roche possède alors la structure à **deux temps** d'une microgranulite.

Le plus souvent, l'anorthite se présente en plages grenues englobant des grappes de petits grains de pyroxène (structure pœcilitique). Dans les mêmes roches se rencontrent des plages globuleuses de dipyre, groupées de la même façon avec le pyroxène. L'enchevêtrement de ces associations pœcilitiques de dipyre, d'anorthite et de pyroxène est fort curieux et surprend au premier abord l'observateur, surtout lorsque leur étude nécessite l'emploi d'un fort grossissement.

Quand les cornéennes possédant cette structure alternent avec des cornéennes à grands éléments, les minéraux de ces dernières prennent en quelque sorte racine dans la roche compacte en s'insinuant entre les éléments de celle-ci. On voit alors de grands cristaux de pyroxène ou d'amphibole mouler les groupements pœcilitiques décrits plus haut. C'est donc un nouveau cas de structure pœcilitique, mais avec cette complication que *l'élément non orienté de l'assemblage, au lieu d'être homogène, est lui-même constitué par un groupement pœcilitique à grains fins de deux minéraux différents.*

Développement drusique de zéolites. — Toutes les roches métamorphiques de ce gisement et particulièrement les schistes micacés tachetés sont parcourus par des fentes tapissées par des zéolites. La plus fréquente est la *chabasie* en petits rhomboèdres incolores et limpides de 1 à 2 mm. présentant les groupements par pénétration habituels et plus rarement la macle suivant p (1011). Ils reposent parfois sur une couche blanche et translucide de *thomsonite* lamellaire. Plus rarement, ils sont recouverts par de petits cristaux de *christianite* (macle de la morvénite).

J'ai recueilli en outre quelques échantillons mamelonés de *stilbite* en sphérolites incolores et translucides, à surface brillante, identiques à ceux de la *puflérite* du Tyrol.

§ III. LORDAT.

A l'est de Lordat et à la limite de cette commune et de celle de Vernaux, j'ai découvert, sous les calcaires blancs qui forment la crête de la montagne, une série de couches offrant des transformations identiques à celles qui viennent d'être décrites au bois du Fajou. Bien que je n'ai observé à leur contact aucun pointement lherzolitique, je n'hésite pas à leur attribuer la même origine qu'à ces dernières ; leur présence semble en effet indiquer l'existence de la lherzolite en profondeur, l'intensité de leur transformation me fait supposer en outre que cette lherzolite doit se présenter à une très faible distance des roches étudiées dans ce paragraphe.

Ce gisement est facile à trouver, il se rencontre au-dessous du chemin de Lordat à Bestiac, exactement au-dessus du village de Vernaux. Quand en suivant ce chemin et en venant de Lordat on a traversé le chemin descendant à Vernaux, on trouve à main gauche un petit sentier entouré de buis ; il conduit à des champs cultivés situés au pied de rochers calcaires d'où l'on a extrait quelques pierres. Ce chemin est presque entièrement taillé dans les couches métamorphisées dont il est aisé de recueillir une belle collection dans les petits murs de soutènement en pierres sèches qui séparent des champs étagés en gradins. La disposition de ces champs est due à la décomposition successive des diverses assises métamorphisées que l'on retrouve en places en maints endroits. On voit alterner entre elles les roches suivantes qui forment généralement des bancs distincts, atteignant parfois plusieurs mètres d'épaisseur:

a. Calcaires à minéraux.
b. Schistes micacés tachetés.
c. Roches amphiboliques.
d. Cornéennes.

La caractéristique minéralogique de ce gisement consiste dans l'abondance de l'actinote qui est répartie dans tous ces types pétrographiques, sans toutefois constituer jamais exclusivement aucun d'entre eux.

a. *Calcaires à minéraux.*

Ces calcaires souvent un peu sableux renferment du *dipyre*, de la *biotite*, du *sphène*, du *rutile*, des octaèdres de *magnétite*, des *amphiboles*, des *feldspaths* et enfin du *quartz*.

L'amphibole est une actinote d'un vert pâle, plus rarement d'un vert vif. Les teintes de pléochroïsme sont les suivantes avec des variations d'intensité dans les divers échantillons :

n_g = vert clair.
n_m = jaune verdâtre.
n_p = incolore.

L'angle d'extinction dans g^1 (010) est d'environ 20°. Sur les bords de cette actinote vient souvent se former une autre amphibole très colorée dans les teintes suivantes :

n_g = vert bleu foncé.
n_m = vert foncé.
n_p = jaune clair.

La couleur suivant n_g se rapproche de celle de la tourmaline qui se trouve dans les mêmes roches. Cette amphibole paraît analogue à celle de Prades qui a été étudiée plus haut. L'angle d'extinction est cependant plus faible que dans l'actinote.

Les autres minéraux de ces calcaires ne présentent pas de particularités dignes d'être notées ; il y a lieu toutefois de s'arrêter sur le *quartz* qui est toujours un élément rare dans les roches modifiées par la lherzolite.

Je l'ai trouvé dans un calcaire riche en amphibole et contenant quelques paillettes de biotite ; il forme de très grandes plages sans formes géométriques, englobant tous les autres éléments ; on ne peut donc pas le considérer comme un débris clastique d'une roche ancienne. Ce quartz est très riche en inclusions liquides à bulle mobile.

ʰ. *Schistes micacés.*

Les schistes micacés de Lordat sont des plus variés; ils sont toujours à dipyre. On y distingue tout d'abord des roches appartenant aux divers types décrits au bois du Fajou.

Mais il existe aussi des types spéciaux à ce gisement; dans les roches se rapportant au type le plus fréquent au bois du Fajou, les grains de pyroxène du ciment micacé qui entoure les taches de dipyre se réunissent parfois pour former des globules irréguliers ; dans d'autres shistes apparaissent de grandes baguettes d'actinote.

Dans beaucoup d'échantillons, le ciment micacé des globules de dipyre, au lieu d'être formé par des lamelles de biotite de 0 mm. 10 à 0 mm. 20 devient excessivement fin, parfois même microcristallin, le pyroxène est moins abondant, il peut même disparaître complètement, tandis que la tourmaline est plus fréquente.

Dans les roches de ce genre, ou bien le dipyre est globuleux, ou bien il est allongé suivant l'axe vertical et présente des formes nettes ; dans ce cas, il est accompagné de cristaux automorphes et très allongés d'actinote. Ces roches présentent une structure porphyroïde fort nette; elles sont comparables aux schistes micacés des ophites qui seront décrits plus loin.

Enfin d'assez nombreux échantillons de ces schistes micacés ne renferment ni taches de dipyre, ni grands cristaux ; ils sont uniquement constitués par du mica microcristallin possédant la même structure que le ciment des schistes micacés précédents.

Au milieu de ces schistes micacés se présentent souvent des accidents intéressants. Il faut citer tout d'abord des nodules à grands éléments formés de *dipyre* et *d'amphibole* en associations granitoïdes ou ophitiques, parfois mélangés de calcite.

Plus rarement, j'ai observé des veinules formées de calcite et d'épidote ; enfin un de mes échantillons est traversé par une fente sur les parois de laquelle sont implantés des cristaux violacés de tourmaline, allongés suivant l'axe vertical et englobés par du dipyre.

c. Roches amphiboliques.

Les calcaires à actinote ainsi que les schistes tachetés à amphibole conduisent par enrichissement en amphibole à des roches d'aspect dioritique essentiellement composées de longs cristaux automorphes de *dipyre* blanc et *d'amphibole* vert clair, mais pouvant renfermer à l'état accessoire tous les minéraux signalés plus haut dans les calcaires et dans les schistes micacés. Ces roches amphiboliques se distinguent au premier abord de celles du Fajou et de Freychinède par leur couleur plus claire.

Au microscope, on constate que le dipyre renferme parfois en inclusions des paillettes micacées, et de petits grains ferrugineux. L'amphibole, en partie postérieure au dipyre, est parfois groupée en gerbes ; à peine colorée en lames minces, elle est bordée par l'amphibole de couleur foncée déjà observée dans les calcaires.

d. *Cornéennes.*

Les cornéennes de ce gisement sont à grains fins et très compactes ; elles sont souvent rubanées et tachetées et dérivent alors des schistes tachetés. Le *dipyre* en forme l'élément essentiel ; il constitue des globules spongieux pressés les uns contre les autres, souvent associés à de l'amphibole. Quand il existe du mica ou du pyroxène, on observe des passages aux schistes tachetés ; le mica tend alors à devenir automorphe, de même que dans les schistes micacés, il est beaucoup moins riche en inclusions. Ces cornéennes renferment quelquefois des nodules à grands éléments ayant la même composition que la roche à grains fins.

Dans un échantillon de cornéenne tachetée, j'ai observé de *l'orthose* et du *quartz*. Ces deux éléments se présentent en petits grains, disséminés au milieu de *dipyre* et de *mica*. Ils remplissent aussi des filons ou des boutonnières. Celles-ci sont bordées de lamelles de mica, implantées perpendiculairement à leurs parois. Le quartz et l'orthose les moulent et renferment des inclusions du même minéral.

Toutes les roches silicatées de ce gisement sont parcourues de veines irrégulières, remplies par de l'amphibole et du dipyre fibreux, accompagnés de paillettes de biotite. Quelques-unes d'entre elles et particulièrement les roches amphiboliques renferment quelquefois de très grands cristaux *d'oligiste* de plusieurs centimètres de diamètre. Ils sont aplatis suivant a' (0001) et présentent le rhomboèdre p (10$\overline{1}$1).

Développement drusique de zéolites. — De même qu'au bois du Fajou, j'ai recueilli des zéolites (*chabasie, stilbite*) dans les fentes de toutes les roches métamorphisées qui viennent d'être décrites, y compris les calcaires.

§ 4. — Croix de Sainte-Tanoque, près Lercoul

La lherzolite forme une butte surmontée d'une petite croix de fer (croix de Ste-Tanoque) qui domine au nord-ouest le village de Lercoul. Elle est, par places, fortement serpentinisée : on a vu plus haut que c'est à cette roche imparfaitement décomposée que Cordier avait cru devoir donner les noms de *lhercoulite*, puis de *lherzoline*, la prenant pour une sorte de lherzolite compacte.

J'ai observé des phénomènes métamorphiques au contact de cette lherzolite dans le talus d'un sentier qui, près de la croix. quitte le chemin de Sem à Lercoul pour s'enfoncer dans la forêt de Teillet dans la direction de Sem ; ce chemin entame, sur quelques mètres, des assises métamorphisées qui peuvent être plus facilement encore étudiées dans le chemin descendant au village de Lercoul (fig. 13). Après avoir traversé la lherzolite. ce chemin est creusé dans des *calcaires* plus ou moins cristallins, alternant avec des bancs minces de *cornéennes*, de *schistes micacés tachetés* dans lesquels il est facile de reconnaître à première vue l'équivalent des roches du bois du Fajou.

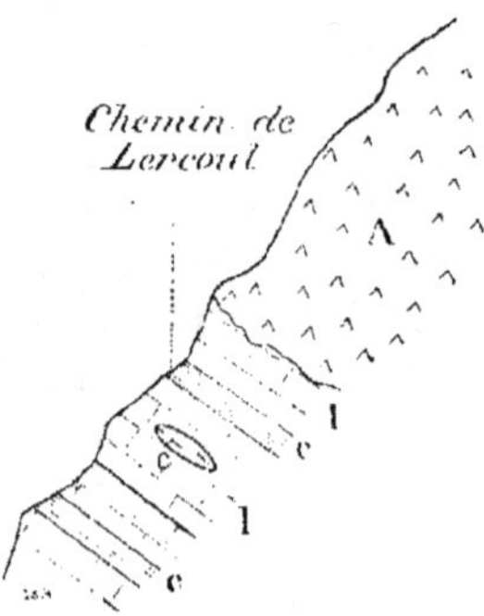

Fig. 13. — Contact de la lherzolite (\) et du lias au-dessous de la croix de St-Tanoque. Les assises métamorphisées sont formées par une alternance de calcaires à minéraux (*l*), et des cornéennes et des schistes micacés (*c*),

Ces roches métamorphisées plongent vers l'ouest et s'observent sur près de 50 mètres : elles doivent posséder en profondeur une assez grande importance, car on en rencontre de nombreux blocs dans les champs cultivés de la pente qui va aboutir à Lercoul.

A 50 mètres environ du contact, le chemin devient caillouteux et l'on n'observe plus aucune roche en place, avant d'atteindre les schistes paléozoïques qui se développent avec une certaine ampleur dans la vallée de Siguer.

A peu de distance de la croix de Ste-Tanoque, dans la forêt que traverse le chemin de Sem à Lercoul, il existe une *ophite* qui réapparaît sur le chemin supérieur de la forêt et forme l'une des crêtes qui domine le village de Lercoul.

Les calcaires qui sont en contact avec cette roche ne sont pas modifiés et il ne m'a pas été possible de trouver le point de jonction entre la lherzolite et l'ophite.

Passons maintenant à l'examen des roches métamorphiques de la croix de Ste-Tanoque.

Dans les calcaires cristallins, les lits silicatés sont très irréguliers, souvent très espacés; un petit lit de cornéennes de 2 ou 3 cm. apparaît parfois seul au milieu d'une masse calcaire de plusieurs mètres d'épaisseur, alors que plus loin, au contraire, les bancs silicatés sont fréquents et plus abondants que le calcaire. Ces différences s'expliquent aisément par les variations de composition originelle des assises modifiées.

Les roches amphiboliques manquent dans ce gisement ; il y a lieu de considérer successivement les types suivants :

a Calcaires cristallins ;

b. Schistes micacés tachetés ;

c. Cornéennes.

Les caractères macroscopiques étant les mêmes que pour les roches similaires du bois du Fajou, je n'y reviendrai pas. Parmi les roches silicatées vues en place, les cornéennes dominent.

Les schistes micacés, au contraire, sont plus abondants dans les champs cultivés et les murs construits avec les pierres qui en ont été extraites, ce qui fait penser que d'importantes assises de ces roches doivent être recouvertes par les terres cultivées.

a. *Calcaires à minéraux.*

Ces calcaires renferment des cristaux de *dipyre*, de *pyroxène*, de *mica* qui tantôt sont très abondants et disposés en lits, tantôt très clairsemés. Ils ne présentent aucune particularité spéciale. Au contact des bancs silicatés, il y a quelquefois une zone de passage dans laquelle on observe les autres minéraux qui ont été décrits plus loin.

b. *Schistes micacés tachetés*

α. *Schistes micacés tachetés à dipyre.* — Les types à grands éléments ne sont ni schisteux ni rubanés. Les taches globuleuses de dipyre atteignent 1 mm. 5 ; le *mica* forme des lames ayant parfois les mêmes dimensions. Le *pyroxène* se trouve en gros grains ou en cristaux allongés, englobés par le *dipyre* ou par le ciment micacé au milieu duquel on rencontre quelques cristaux d'*amphibole* verte et de grains peu abondants de *tourmaline*. Les inclusions grenues de calcite ne sont pas rares dans le dipyre.

Dans quelques échantillons, le mica est en éléments plus petits et plus abondants, sans que toutefois la composition minéralogique de la roche soit modifiée. Les globules de dipyre sont souvent inclus dans de la *calcite* primaire. Des paillettes naissantes de biotite et des inclusions de calcite accompagnent les grains de pyroxène dans le dipyre.

Fig. 14. — Schiste micacé tacheté de la Croix de Sainte-Tanoque.
Éponges de dipyre (*d*) englobant du pyroxène (*p*) et moulées par de la biotite (*m*) et de la tourmaline (*T*).

Des roches rubanées se rapportent au même type, mais le ciment micacé est moins abondant, quoique toujours formé par de petits éléments : les globules de dipyre sont voisins les uns des autres, c'est le passage aux cornéennes dans lesquelles le ciment micacé a disparu.

Le pyroxène est moins abondant que dans les roches précédentes et moins également réparti ; il forme en général des grappes de petits grains irréguliers ; les paillettes extrêmement petites de mica naissant sont très abondantes dans le dipyre.

9. *Schistes micacés à feldspaths.* — Associés à ce dernier type de schistes micacés tachetés et y passant graduellement, se trouvent des schistes micacés essentiellement constitués par de l'*orthose*, de la *biotite* et du *pyroxène*, avec, fréquemment mais en proportion variable, du *dipyre*, de la *tourmaline* et de la *matière charbonneuse*. La roche est très schisteuse : ses éléments dépassent rarement 0 mm. 10 ; ils sont généralement bien calibrés.

L'orthose est grenue, non maclée, la tourmaline jaune verdâtre forme des cristaux nets allongés suivant l'axe vertical ; le pyroxène n'a pas de formes géométriques. La caractéristique de cette roche réside dans la structure du mica qui moule le feldspath à la façon du mica des schistes micacés formés au contact du granite.

Quant au dipyre, il est grenu ; souvent ses petites plages globuleuses se réunissent, s'orientent et forment dans la roche des taches qui lui donnent à l'œil nu l'apparence des schistes tachetés du groupe précédent.

c. Cornéennes

Les cornéennes de ce gisement dérivent exclusivement du groupe des schistes micacés à feldspaths ; elles sont très compactes, rubanées et généralement formées par une alternance de lits blancs et de lits diversement colorés, violacés, jaunes verdâtres, ou noirs.

L'examen microscopique fait voir que tandis que les lits blancs sont presque entièrement dépourvus de mica, les lits colorés, au contraire, sont criblés de très petites paillettes micacées.

α. *Lits colorés.* — Les lits colorés ont une composition minéralogique très analogue à celle des schistes micacés ; le *mica* n'y est pas orienté, il est parfois plus petit, sinon moins abondant que dans ces dernières roches Le *pyroxène* a une tendance à se grouper en taches qui sont bien visibles en lumière naturelle : les parties pyroxéniques de la roche étant moins micacées. Des taches de *dipyre* s'observent aussi çà et là et quand elles sont abondantes, la roche est une *cornéenne tachetée* bien reconnaissable à l'œil nu : il est facile de voir dans ces roches que le dipyre est postérieur aux feldspaths. Ceux-ci sont formés par de l'*orthose* et aussi par un feldspath triclinique très finement maclé, s'éteignant presque suivant la trace de la ligne de macle de l'albite dans les sections appartenant à la zone de symétrie (*oligoclase-albite*).

β. *Lits incolores.* — Les lits incolores ne diffèrent des lits colorés que par l'absence presque complète de mica. Leurs éléments sont aussi de plus grande taille ; le dipyre y est souvent grenu comme les feldspaths, mais y forme souvent aussi des cristaux porphyroïdes à contours réguliers ou dentelliformes dépassant 1 mm. Çà et là s'observent des zones presque entièrement formées par du dipyre et du pyroxène curieusement associés. Le *dipyre* forme des plages globuleuses dans lesquelles le *pyroxène* se trouve en petits grains allongés en forme de larmes grêles, et serrées les unes contre les autres. C'est la structure poecilitique, mais avec une disposition particulière du minéral non orienté [1].

Quelques échantillons renferment du sphène, du rutile.

Les lits de couleur différente qui viennent d'être décrits ont des épaisseurs très inégales, variant de quelques centimètres à moins d'un millimètre.

Ils se rencontrent au milieu des calcaires, soit en masses continues, soit sous forme d'amandes parallèles au rubanement général des strates.

Quelques roches sont traversées par des filonnets obliques à la schistosité, qui ont la même composition que les lits blancs ; le dipyre y est généralement très abondant.

---

[1] Cette structure doit être observée avec l'objectif 9 (nouveau modèle) Nachet.

§ V. — Environs de Vicdessos

J'ai étudié avec grand soin les divers pointements lherzolitiques qui se trouvent sur la montagne d'Orus, au nord de Vicdessos.

Le contact de la roche de Porteteny et des calcaires blancs est masqué par un bois d'acacias

Aux Roujos, la lherzolite très serpentinisée s'émiette ; en haut du ravin, il est possible de suivre pas à pas sur plus de 50 mètres son contact avec des calcaires blancs ; ces derniers ne sont pas modifiés ; la lherzolite, par contre, est imprégnée de calcite secondaire.

Plus à l'ouest, un sentier conduit au village de Sentenac ; au-dessus de Vicdessos, ce chemin coupe le vallon de Nadaliss conduisant au petit col del Picouder. Dans ce vallon, et au-dessus du chemin, apparaît une bosse de lherzolite à forme étrange qui n'a que quelques mètres carrés ; elle se trouve au milieu de calcaires blanchâtres, alternant avec des bancs de quartzites. Les modifications ne sont pas intenses au contact, mais il est possible de recueillir çà et là des échantillons fortement métamorphisés. Ils deviennent plus abondants quand on monte le ravin, et à quelques mètres, après avoir passé le col, j'ai trouvé un nouveau pointement lherzolitique plus petit encore que le premier ; il forme une bosse de 4 mètres sur 7 environ, intrusive au milieu des calcaires fortement disloqués et modifiés (fig. 2, page 10).

Les calcaires au voisinage sont cristallins et çà et là renferment des lits silicatés. A 25 mètres du contact et du côté de la vallée, j'ai relevé la coupe représentée par la figure 15 ; la direction des couches n'est ici visible que grâce à l'existence dans quelques-unes d'entre elles de minéraux métamorphiques qui marquent la stratification.

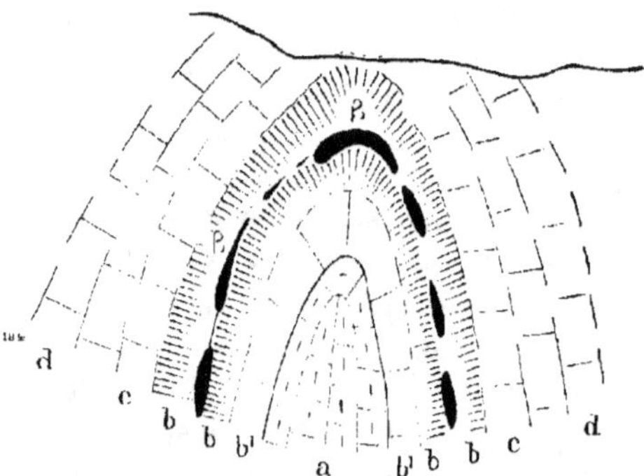

Fig. 15. — Calcaires métamorphisés au voisinage de la lherzolite.
a, calcaire à dipyre. — *b'*, calcaire à dipyre et amphibole. — *b*, calcaire à amphibole avec lits entièrement silicatés (5). — *c* et *d*, calcaires cristallins avec minéraux peu abondants (dipyre, etc.).

Au centre de ce petit pli anticlinal qui n'a guère plus de 6 mètres de hauteur, les couches *a* sont formées par un calcaire blanc jaunâtre renfermant une grande abondance de très jolis cristaux blancs de dipyre. En *b'*, le dipyre est presque remplacé par de l'amphibole qui devient de plus en plus abondante au fur et à mesure que l'on se rapproche de *b* qui, par places, contient des lits ou des nodules entièrement silicatés (*g*). Cette zone est pyriteuse et se décompose en une boue noire ; enfin en *c* et en *d*, le calcaire est très cristallin et renferme divers minéraux métamorphiques (dipyre, etc.).

En redescendant vers la vallée, on retrouve ces mêmes calcaires alternant avec des zones argilo-siliceuses noires peu ou pas métamorphisées.

Un fait qui mérite d'être signalé, c'est que de même que dans la grande masse lherzolitique du bois du Fajou, dans la petite bosse intrusive du col del Picouder, la lherzolite ne présente au contact des calcaires aucune modification endomorphe.

J'ai recueilli soit dans le vallon de Nadaliss, soit sur le versant du col del Picouder regardant Sentenac les diverses roches métamorphiques suivantes :

a. *Calcaires à minéraux*

Les calcaires cristallins du col del Picouder (fig. 15) renferment des cristaux de *dipyre* blanc laiteux   *m* (110) *h'* (100)   remarquablement nets. atteignant 1 centimètre de longueur, et pouvant être recueillis comme échantillons de collection ; ils font saillie sur les surfaces exposées à l'air ; le même minéral abonde dans les calcaires du voisinage, mais en moins beaux cristaux.

Les minéraux qui l'accompagnent souvent sont assez nombreux ; les plus fréquents sont le *mica* et l'*amphibole*, appartenant à deux variétés, l'une d'un vert clair est incolore, en lames minces, l'autre d'un vert très foncé paraît appartenir au même type que l'amphibole de Prades.

Un échantillon recueilli dans le vallon de Nadaliss offre une composition plus complexe ; j'y ai en effet observé l'*amphibole* vert foncé dont il vient d'être question, du *dipyre*, du *sphène*, de la *biotite*, du *quartz* et enfin du *grenat* rosé en lames minces. Cet échantillon est, avec un schiste micacé de la Fontète rouge qui sera décrit plus loin, le seul dans lequel j'ai trouvé du grenat parmi les nombreuses roches métamorphiques décrites dans ce mémoire.

Le dipyre possède la particularité de renfermer la presque totalité du grenat sous forme de noyau central. il englobe dans de semblables conditions des aiguilles d'amphibole et du grenat.

Le quartz est bien d'origine métamorphique, car il enveloppe parfois le mica.

Dans un autre échantillon de calcaire, j'ai observé du quartz, du mica, du dipyre et des grains d'orthose renfermant des inclusions charbonneuses disposées en zones concentriques.

De même qu'à Prades, on trouve encore à plusieurs centaines de mètres de la lherzolite au milieu de calcaires pauvres en minéraux macroscopiques des bancs compacts de cornéennes à grains très fins : leur composition et leur structure sont tellement identiques à celles des roches similaires de Prades, qu'il est inutile d'y revenir.

b. *Schistes micacés quartzifères*

Ces schistes passent à des cornéennes ; ils forment en effet des bancs compacts, durs, faisant feu au briquet, mais dans lesquels le *mica* est remarquablement orienté suivant des lits parallèles ; il est constitué par de petites paillettes moulant des grains de *quartz*, d'*orthose* et plus rarement d'*anorthite*, qui renferment des inclusions noires, globuleuses, microscopiques. Il existe beaucoup de *sphène* et un peu de *dipyre* qui s'insinue entre les grains feldspathiques et quartzeux.

Dans ces schistes, le quartz et les feldspaths sont beaucoup plus abondants que le mica ; au col, j'ai recueilli des échantillons qui au contraire sont surtout formés par du mica microcristallin, au milieu duquel se trouvent de larges taches de dipyre ; ces roches sont rubanées et dépourvues de quartz ; elles font une vive effervescence quand on les traite par un acide, car elles sont imprégnées de calcite.

c. *Cornéennes*

Les cornéennes de ce gisement sont à grands éléments, surtout formées de *dipyre*, de *pyroxène*, de *sphène*, d'*amphibole* et de *mica*. Celles que j'ai recueillies au contact immédiat de la lherzolite du col del Picouder (fig. 15) offrent une particularité curieuse ; le dipyre y forme de longs cristaux régulièrement dentelliformes, dans les cavités desquels ont cristallisé du mica, de la calcite, et s'est parfois déposée de la matière charbonneuse. Le dipyre est moulé par de grandes plages d'un pyroxène incolore en lames minces.

Cette cornéenne passe insensiblement à un calcaire dans lequel les mêmes minéraux sont noyés dans de la calcite très riche en paillettes microscopiques de mica.

Parmi les cornéennes à dipyre du vallon de Nadaliss, quelques-unes présentent de remarquables phénomènes d'écrasement.

d. *Roches amphiboliques*

En même temps que les cornéennes, se rencontrent des roches amphiboliques se rapprochant de celles que j'ai décrites à Lordat. Ce sont des roches à grands éléments de dipyre et d'amphibole d'un vert très pâle. Ce dipyre ne forme cependant pas de cristaux très distincts, mais plutôt des taches arrondies constituées par un ou plusieurs cristaux criblés de ponctuations de biotite ; il existe parfois un peu de pyroxène grenu et de sphène.

Dans la coupe représentée par la fig. 15 , on voit qu'au milieu d'un calcaire riche en cristaux d'amphibole verte (*b*), se trouvent des roches accidentelles entièrement silicatées (*5*); elles offrent un grand intérêt, car elles présentent une analogie frappante de caractères extérieurs, avec les ophites altérées et les roches d'origine douteuse, qui seront étudiées plus loin dans d'autres gisements. A l'œil nu, on distingue dans cette roche des cristaux de dipyre qui se détachent en blanc sur de l'amphibole d'un vert presque noir.

Au microscope, on constate que les cristaux d'amphibole, très pléochroïques dans les teintes vert foncé, sont englobés dans de très grandes plages de dipyre (structure pœcilitique). Il n'y a pas d'autre minéral, qu'un peu de pyroxène en petits grains ou en facules dans l'amphibole.

Le passage de cette roche aux calcaires voisins, se fait par substitution de la calcite au dipyre.

L'origine métamorphique de cette roche n'est pas douteuse : elle ne constitue qu'un accident de quelques centimètres d'épaisseur au milieu des calcaires. Nous verrons plus loin que la transformation des ophites peut donner un résultat tout à fait identique, et cette preuve nouvelle de ce fait, que la nature prend souvent des voies différentes pour conduire à un résultat identique, n'est pas sans jeter quelque incertitude sur la recherche de l'origine de plusieurs pointements de roches, que j'ai découverts dans des régions où il existe côte à côte des ophites altérées et des roches métamorphisées par la lherzolite, et pour lesquelles aucune raison stratigraphique ne porte à adopter une hypothèse plutôt qu'une autre.

§ VI. — FORÊT DE FREYCHINÈDE

J'ai signalé plus haut l'existence dans la forêt de Freychinède, de pointements de lherzolite qui s'espacent le long du chemin forestier. jusqu'au delà de la tourbière de Bernadouze. Sur un parcours de près de 5 km., le chemin forestier laisse voir, partout où la roche en place a été mise à nu, des traces de roches métamorphiques ; malheureusement elles sont très altérables ; recouvertes de végétation, elles ne tardent pas à se déliter. donnant des terres noires et vertes très caractéristiques, au milieu desquelles apparaissent çà et là, quelques fragments ayant échappé à la décomposition.

Un peu avant d'arriver à la maison de garde de l'Escourgeat, et à un tournant du chemin. on rencontre un petit ruisselet qui tombe en cascade. Sur sa rive droite et peu au-dessus du chemin, des recherches infructueuses de minerai de fer ont été entreprises autrefois, et il est facile d'y faire une ample collection de roches métamorphiques en place et très fraîches. A une centaine de mètres en amont du chemin, s'ouvre une sorte de cirque marécageux. limité par les contreforts calcaires du pic de Gréoula. Au fond de ce cirque sous la brèche calcaire, se voit un petit pointement de lherzolite. Une masse plus importante de la même roche s'observe sur la rive gauche du ruis-eau, c'est un prolongement du massif de l'Escourgeat qu'entame le chemin forestier.

Vis-à-vis l'un des trous de recherches de minerai de fer, le ruisseau coule au contact de la lherzolite et des roches modifiées. A quelques mètres de la rive droite, affleure au milieu de la forêt, une ophite très dipyrisée qui est également visible plus à l'est le long du chemin forestier.

Il m'a été impossible de préciser les relations pouvant exister entre cette ophite et la lherzolite. Mais comme les calcaires métamorphiques se voient en contact de la lherzolite et sont modifiés de la même façon que les calcaires argileux du bois de Fajou, il me paraît logique d'attribuer leur métamorphisme à la lherzolite plutôt qu'à l'ophite. La brèche calcaire dont on observe des lambeaux sur le bord du chemin forestier près de la petite cascade, renferme au contact de la lherzolite des galets de celle-ci, et des galets d'ophite au contact de cette roche.

Les *calcaires micacés*, les *schistes micacés tachetés à dipyre* et les *cornéennes* de ce gisement, sont si parfaitement identiques aux roches similaires du bois du Fajou, qu'elles ne peuvent en être distinguées, et que je n'ai pas à y revenir.

Les gisements de la forêt de Freychinède, renferment en outre de ces roches métamorphisées des calcaires à amphibole et surtout des roches très amphiboliques, analogues aussi à celles que j'ai déjà étudiées au bois du Fajou ; elles sont bien plus abondantes et bien plus variées que dans ce dernier gisement.

Ces roches offrent à l'œil nu l'apparence d'amphibolites ; elles dérivent des calcaires par diminution progressive de la teneur en calcite. L'*amphibole* est d'un vert plus foncé que la variété commune à Lordat ; elle est accompagnée de mica, d'anorthite, de tourmaline.

L'*anorthite* est généralement grenue, souvent non maclée, tantôt peu abondante, et comme noyée au milieu des autres éléments, tantôt au contraire presque dominante, et formant alors une mosaïque de petits grains au milieu de laquelle se détachent de longues aiguilles d'*amphibole*. Celle-ci est alors extrèmement riche en inclusions de petits granules pyroxéniques ; ce dernier minéral n'existe pas autrement dans la roche qui en outre est riche en rutile.

Quelques échantillons très micacés renferment en grande abondance de la *tourmaline* et très rarement du *spinelle*.

Sur le bord du ruisseau, j'ai recueilli une sorte de cornéenne noire, constituée par des aiguilles d'*amphibole* d'un jaune verdâtre, associées à des cristaux plus grands ayant à leur centre du *pyroxène* verdâtre. Cette amphibole est noyée dans du *labrador* et du *dipyre* grenus. Je ne puis me prononcer sur l'origine de cette roche qui est peut être métamorphique comme les précédentes, mais qui aussi pourrait être une variété de l'ophite voisine, dont le feldspath se transformerait en dipyre grenu, et le pyroxène en amphibole. Je dois reconnaître que la structure ophitique n'est pas visible dans cette roche, ce qui me fait pencher pour l'origine métamorphique. Nous verrons dans d'autres gisements des incertitudes du même genre.

Développement drusique de zéolites. — Les roches métamorphiques de ce gisement et particulièrement les schistes micacés sont plus riches en zéolites, que les roches du bois du Fajou ; j'y ai observé des surfaces de plus de trois décimètres carrés couvertes de beaux cristaux de *chabasie*, avec *christianite*, *thomso-nite*, etc. Ce gisement est, à ce point de vue, fort remarquable.

§ VII. — MONTÉE DU PORT DE MASSAT [1], ENTRE BERNADOUZE ET LE PORT

Le sentier conduisant au port de Massat suit la rive gauche de la vallée de Suct à partir de la tourbière de Bernadouze; si on gravit les dernières pentes séparan du port, en suivant non le sentier mais les escarpements qui bordent la rive droite de la vallée, on voit affleurer, çà et là et jusqu'au port, des calcaires noirs, que je considère comme le prolongement de ceux de la forêt de Frey-chinède, dont je viens d'étudier les transformations. Ils sont à plusieurs centaines de mètres, et parfois à près d'un kilomètre des pointements *apparents* de lherzolite de la chaîne calcaire reliant Bernadouze à l'étang Lherz, qui vont être étudiés dans les paragraphes suivants.

Ces calcaires noirs sont identiques à ceux que l'on trouve au port de Saleix et à l'étang de Lherz. Ils présentent les mêmes grands cristaux noirs de *dipyre* pouvant atteindre 4 cm. de longueur sur 3 mm. de diamètre. Le calcaire métamorphique, à une aussi grande distance de la lherzolite, n'a pas perdu la matière charbonneuse qui la colore de même que le dipyre. Ce dernier minéral étant clairsemé dans le calcaire a pu prendre des formes nettes m (110), h^1 (100). Ce gisement est un de ceux dans lesquels il est possible de recueillir les plus beaux échantillons de dipyre.

Au microscope, on constate que la matière colorante noire de ce calcaire est inégalement distribuée ; manquant presque complètement dans les grandes plages de calcite, elle est abondante au contraire dans des plages plus petites et parfois micocristallines. Au milieu de cette calcite sont disséminés, en outre, les cristaux macroscopiques de *dipyre*, des paillettes d'un *mica* (à deux axes rapprochés) presque incolore en lames minces et de petites plages irrégulières d'*orthose* généralement riche en inclusions charbonneuses.

§ VIII. — RÉGION COMPRISE ENTRE LE PORT DE MASSAT ET L'ÉTANG DE LHERZ

Quand après avoir dépassé les gisements lherzolitiques de Bernadouze, on franchit le port de Massat, on rencontre de nombreux pointements de lherzolite dans les ravins, qui du sud viennent déverser leurs eaux dans le ruisseau du Bastard. En allant de l'est à l'ouest, ces ravins sont désignés sous les noms de ravins de Lherz, de l'Homme-Mort, de la Plagnole et de la Piède. [1]

---

[1] Ce port est aussi appelé port de Suc.

[1] Je dois la connaissance du nom de tous les ravins de cette région, à l'obligeance de M. Jauze, de Massat ; aucun d'entre eux n'est nommé sur la carte d'état-major.

Le ravin de la Plagnole est dominé au sud-est par un pic pointu de lherzolite, le pic de la Fontête rouge, ainsi appelé à cause d'une fontaine située sur
son flanc sud, près d'un petit col qui permet de descendre dans le vallon de
Girantos allant aboutir au sud de la butte lherzolitique de Lherz.

Cette petite fontaine sourd au contact de la brèche lherzolitique supérieure et
d'un banc de calcaire liasique profondément modifié à son contact avec la
lherzolite. La planche III représente une photographie de ce contact, faite de
la Fontête rouge. Je ne reviendrai pas sur les particularités de ce contact, que
j'ai signalées page 17. Les échantillons étudiés ont été recueillis soit à la Fontète
rouge, soit à deux cents mètres plus à l'est, sur le revers est, du pic au fond du
ravin de l'Homme Mort. En ce point, la lherzolite recouvre un lambeau de
roches métamorphisées (fig. 3, page 11).

Ces assises métamorphisées font partie d'une bande dirigée sensiblement
N. O.-S. E., qui plonge vers le N. E. On peut la suivre à l'est et à l'ouest de la
Fontête rouge ; à l'est, sur les escarpements est du ravin de l'Homme-Mort, à
l'ouest, à un petit col séparant le ravin de la Plagnole de celui de Girantos.

A. Fontête rouge.

Les roches métamorphisées sont variées dans ce gisement, bien qu'elles n'affleurent que sur une petite surface ; des éboulis en cachent du reste une partie.

a. Calcaires à minéraux.

Les calcaires métamorphiques de ce gisement sont généralement très riches
en minéraux ; ces derniers sont les suivants : *dipyre, pyroxène, amphibole, bytownite, orthose, biotite, sphène, pyrite*. Ils sont quelquefois associés d'une façon quelconque, mais souvent aussi, surtout au bord des bancs entièrement silicatés,
leur groupement fait prévoir le passage à l'un des types de roches qui vont
être décrits ci-après et dont ils ne diffèrent que par l'abondance plus ou moins
grande de la *calcite*, dans laquelle leurs éléments sont pour ainsi dire dilués.

Les calcaires passant aux schistes micacés à feldspaths, sont particulièrement
fréquents. La seule particularité digne d'être notée, consiste dans l'absence de
formes géométriques dans les minéraux constitutifs, sauf toutefois dans le mica
et l'amphibole. Celle-ci est parfois allongée suivant l'axe vertical et englobe
tous les autres éléments qui semblent être venus se concentrer au milieu d'elle.
Quelquefois le cristal d'amphibole est réduit à un ciment d'orientation uniforme
réunissant un grand nombre de grains de bytownite, de pyroxène, de calcite,
etc. (structure pœcilitique).

Il est fort curieux de voir que dans tous ces calcaires métamorphiques les
feldspaths (*orthose* ou *bytownite*) sont dépourvus de formes géométriques, alors
que l'albite d'autres gisements formés dans des conditions similaires présente toujours des cristaux remarquablement distincts.

Sohier et Campy, 33, rue Hallé. — Paris

Contact de la Lherzolite

et des Calcaires liasiques profondément métamorphisés

b. *Schistes micacés.*

Les schistes micacés de ce gisement ne sont pas tachetés comme ceux de la vallée de l'Ariège et de Viedessos ; ils sont peu fissiles et parfois régulièrement pointillés de blanc sur un fond micacé noir. J'y ai rencontré les types suivants :

α. *Schistes micacés à feldspaths seuls.* — Le type le plus simple et le plus commun est constitué par un mélange de grains d'environ 0 mm. 10 d'*orthose* et de *bytownite* moulées par de la *biotite*. Quand on examine cette roche au microscope en lumière naturelle, on croit voir un schiste micacé de contact de granite. Le mica est orienté et détermine la schistosité de la roche. L'orthose et la bytownite sont tantôt mêlées sans ordre, tantôt grossièrement isolées dans des lits spéciaux. L'orthose non maclée à bissectrice aiguë négative et axes optiques très rapprochés, se distingue aisément, par sa réfringence et sa biréfringence plus faibles, de la bytownite quand celle-ci n'est pas maclée suivant la loi de l'albite; quand ces macles existent, un des systèmes de lames hémitropes est généralement très prédominant, ce qui rend aisée l'étude optique ; je n'ai pas constaté l'existence de la macle de la pericline, pas plus que celle de Colsbad.

Ces feldspaths dont les grains ont environ 0,10, se prêtent bien à l'application du procédé Becke pour la mesure des réfringences tel qu'il a été perfectionné par M. Michel Lévy [1]. J'ai pu constater sur des plages noyées dans une solution de tungstoborate de cadmium que la valeur du plus petit indice de ce feldspath était plus grande que celle de l'indice maximum du labrador et très voisine de celle de l'indice minimum de l'anorthite de la Somma. Le maximum de l'angle d'extinction dans la zone de symétrie de la macle de l'albite atteint 45° : le minéral est attaquable par les acides. Son identification avec la bytownite est donc légitime.

En outre des éléments précités, il existe un peu de *sphène* et d'une substance noire opaque (matière charbonneuse ?)

Un autre type ne renferme pas d'orthose, mais seulement de la *bytownite* comme élément feldspathique ; du *pyroxène* se développe au milieu du *mica* qu'il remplace presque complètement dans certains lits qui tranchent par leur couleur blanche sur la teinte foncée des parties très micacées. Il subsiste parfois un peu de *calcite* dans ces lits pyroxéniques ; c'est là le passage aux calcaires à minéraux.

Dans ces roches, le mica moule les grains des éléments blancs. La roche ressemble alors à un schiste micacé (fig. 16), ou bien forme des lamelles à contours distincts en partie moulées par les minéraux blancs; dans ce cas, la roche offre l'apparence d'un micaschiste (fig. 17).

β) *Schistes micacés à feldspaths et dipyre.* — Les schistes de cette catégorie ne diffèrent en rien par leurs caractères microscopiques de ceux de la précédente. Ils sont assez variés et peuvent contenir en fait de feldspaths, soit de l'*orthose*, soit

---

[1] *La détermination des feldspaths tricliniques en lames minces.* Paris, Baudry. 1894.

de la *bytownite* seule, soit enfin le plus souvent ces deux minéraux réunis. Le *dipyre* s'y trouve en grande abondance, en grains de la même dimension que

Fig. 16. — Schiste micacé feldspathique de la Fontète rouge.
Bytownite (*a*) moulée par de la biotite (*m*) ; le pyroxène (*p*) se sépare dans des lits distincts.

ceux des feldspaths et en grands cristaux souvent déchiquetés et dentelliformes, qui englobent un grand nombre de paillettes de *biotite*, orientées dans leur hôte comme à l'extérieur.

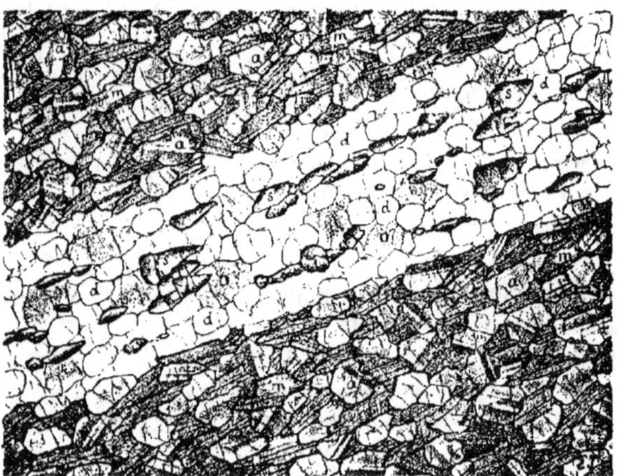

Fig. 17. — Schiste micacé de la Fontète rouge.
Bytownite (*a*) et biotite (*m*) avec lit de cornéenne formée de dipyre (*d*), orthose (*o*) et sphène (*s*).

De même que dans les types précédents, ces deux catégories de schistes micacés renferment des zones blanches ; elles sont formées presque exclusivement par du *dipyre* et des *feldspaths* avec un peu de *pyroxène* et beaucoup de **sphène** en cristaux fusiformes. Ce minéral est moins abondant que dans les parties micacées.Quand ces zones blanches deviennent suffisamment épaisses, elles constituent les véritables cornéennes dont il va être question plus loin.

Plusieurs des schistes micacés qui viennent d'être décrits renferment quelques gros grains de *grenat almandin* qui n'a pas été vu comme élément microscopique.

c. *Cornéennes.*

Il existe plusieurs types de cornéennes.

α. *Cornéennes feldspathiques.* — Les cornéennes de ce type sont peu ou pas rubanées et très inhomogènes. Dans une même préparation, on trouve des régions exclusivement composées d'*orthose* grenue, moulées par de la *biotite* et accompagnées de *pyroxène*, à côté d'autres riches en outre en *anorthite* et en *amphibole* d'un vert foncé qui, jouant le même rôle que le mica, moule les feldspaths.

Le pyroxène et l'amphibole se concentrent parfois en nids de quelque étendue. A part l'amphibole, qui atteint fréquemment 2^{mm}, les éléments de cette roche ont en moyenne $0^{mm}.10$ de plus grande dimension.

β. *Cornéennes rubanées à dipyre et à feldspaths.* — Ces roches, auxquelles j'ai fait allusion plus haut, dérivent des schistes micacés; elles s'en distinguent par la moindre abondance du mica qui s'isole quelquefois en petits paquets parallèles au rubanement de la roche.

Suivant les échantillons, l'*orthose* est seule ou associée à la bytownite; il existe toujours beaucoup de *pyroxène* en grains, sans contours nets; celui ci est accompagné d'une *amphibole* très pléochroïque dans les teintes vert foncé; le *dipyre*, toujours présent, forme souvent des cristaux plus gros que tous les autres éléments. Les variations de composition de cette roche tiennent surtout à la variabilité de l'importance relative de l'amphibole et du mica; dans un des échantillons que j'ai examinés, le mica renferme des inclusions (entourées d'auréoles pléochroïques) d'un minéral que je n'ai pu déterminer, faute de sections suffisantes; il offre une assez grande analogie avec l'*allanite*.

γ. *Cornéennes à dipyre seul.* — Ces cornéennes sont quelquefois à grains fins comme les précédentes, mais souvent aussi elles sont à grands éléments de plusieurs centimètres de plus grande dimension. Elles sont très variées, je décrirai deux des types les plus communs.

L'un est exclusivement formé de *dipyre*, de *pyroxène*, d'*amphibole* avec un peu de *sphène*. Le dipyre est grenu: souvent un grand nombre de grains ayant en moyenne $0^{mm},10$ se groupent en s'orientant grossièrement les uns sur les autres pour former une plage de plusieurs millimètres carrés qui offre l'apparence d'un individu unique quand on la place dans une des positions de maximum d'éclairement. Le pyroxène est d'un vert pâle en lames minces, alors que celui de toutes les roches précédentes est incolore dans de semblables conditions. L'amphibole est vert foncé. Ces deux minéraux se concentrent dans des lits parallèles.

Le second type est à grands éléments ; il a la même composition que le précédent, avec cette différence toutefois que l'amphibole y est peu abondante et qu'elle existe surtout en facules dans le pyroxène. Ce minéral se présente en cristaux de 1 à 2 millimètres ; ils sont dentelliformes et englobés par des cristaux beaucoup plus grands de dipyre. Cette roche est riche en *sphène.*

Dans un échantillon de ce type, renfermant encore un peu de *calcite,* le pyroxène est en partie grenu et même cristallitique dans le dipyre, qui contient de longues inclusions ferrugineuses noires, orientées dans la direction de son axe vertical.

d. *Roches amphiboliques.*

Les roches à amphibole dominante ne sont pas communes dans ce gisement. J'ai cependant recueilli des échantillons dans lesquels une *amphibole* d'un vert clair, en cristaux de plusieurs millimètres, est englobée dans un mélange à moindres éléments de *dipyre* et de *pyroxène* incolore, imprégné de *mica* de couleur jaune pâle.

Tandis que toutes les roches métamorphiques de ce gisement sont très pauvres en *tourmaline,* celle qui m'occupe ici, au contraire, renferme une grande quantité de ce minéral ; il est d'un vert bleu et en partie inclus dans l'amphibole.

Examen microscopique des déformations mécaniques subies par les roches métamorphiques.

Lorsqu'on examine avec soin le banc de calcaire métamorphisé en contact avec la lherzolite (Pl. III. *l*), on constate qu'il a subi des déformations mécaniques puissantes qui doivent être mises sur le compte de l'intrusion de la lherzolite. La roche sédimentaire est devenue bréchiforme, mais la brèche ainsi formée est bien différente comme structure de la brèche lherzolitique.

Les assises sédimentaires modifiées étaient originellement constituées par une succession de lits argilo-calcaires et de calcaires. Les uns ont été simplement transformés en calcaire cristallin plus ou moins riche en minéraux, alors que les autres ont été totalement silicatés.

Au moment de l'intrusion de la lherzolite et alors que les modifications dont il vient d'être question étaient en voie d'accomplissement ou accomplies, l'ensemble de ces roches a été soumis à de violents efforts mécaniques : les calcaires se sont facilement écrasés, mais il n'en a pas été de même des bancs silicatés qui se sont rompus et ont été quelque peu charriés dans le calcaire qui a pu facilement pénétrer entre leurs fragments. La preuve de l'exactitude de cette interprétation est donnée par les faits suivants : 1° ces brèches n'existent qu'au contact immédiat de la lherzolite ; elles ont donc été produites par cette roche ; 2° les fragments de la brèche sont en général peu déviés de leur position originelle, et à la Fontète-Rouge, avec un peu de patience, il est possible de suivre dans la brèche les pérégrinations des fragments d'une même couche de quelques centimètres d'épaisseur.

L'examen microscopique de quelques échantillons va du reste faciliter l'interprétation des brèches macroscopiques.

Un échantillon d'une cornéenne à dipyre du premier type décrit plus haut est traversé par une diaclase ayant environ 1^{mm} de largeur ; elle est remplie par les éléments de la roche (*dipyre, pyroxène, amphibole*) concassés en petits grains inégaux, séparés les uns des autres par un peu de matière amorphe incolore qui est le résultat d'un commencement de décomposition du dipyre. Il est facile de voir que cette poussière cristalline résulte de la destruction sur place des parois de la diaclase qui ont été frottées l'une contre l'autre. Ces produits écrasés se sont écoulés dans la diaclase, car on voit parfois une zone amphibolique coupée en deux par la fissure et cimentée par du dipyre venant de quelques millimètres plus loin.

Des phénomènes analogues sont fort nets dans un calcaire à *bytownite, pyroxène* et à *amphibole*, dans lequel les silicates se sont isolés en petits lits parallèles n'ayant pas plus de 0^{cm},5 d'épaisseur ; ils ont subi en petit les dislocations qui se voient en grand dans le gisement qui nous occupe : les grains de calcite sont écrasés, les lits silicatés sont triturés, et au milieu d'eux se sont développés de larges sphérolites de *thomsonite* fibreuse. Par places, il y a eu formation d'une véritable brèche microscopique, dont les éléments sont constitués par des fragments de calcaire et d'agrégats silicatés.

Il me reste maintenant à décrire les véritables brèches de friction, qui sont surtout abondantes au-dessus de la Fontète-Rouge. J'ai trouvé en effet au contact immédiat de la lherzolite, un point où la roche éruptive a pénétré dans le calcaire sur quelques décimètres, le bouleversant et donnant ainsi naissance à des roches extrèmement curieuses. Malheureusement, l'affleurement est très décomposé et j'ai dû travailler au pic pendant près d'une demi-journée pour n'abattre que quelques fragments à peu près intacts.

Au microscope, on constate que ces roches sont formées par une brèche microscopique dans laquelle des fragments intacts des divers types de roches métamorphiques, décrits plus haut, sont réunis par leurs débris. Il n'y a pas eu charriage, car on ne trouve guère de mélange de roches dans une même plage ; il y a eu trituration sur place. On ne distingue généralement pas de ciment, mais çà et là des plages irrégulières de calcite non écrasée, moulant des fragments anguleux entièrement silicatés qui sont surtout composés par du pyroxène, du mica. Ces minéraux sont parfois implantés mi-partie dans le calcaire, mi-partie dans une zone de débris, ce qui indique leur postériorité à l'écrasement.

Ce fait me semble démontrer que les émanations ayant accompagné la roche, continuaient à jouer leur rôle métamorphisant pendant la mise en place de la lherzolite et opéraient la consolidation de la brèche pendant même qu'elle se produisait. Quand on examine une plaque taillée au contact immédiat de la lherzolite et de cette brèche, on trouve généralement dans cette dernière des fragments des divers minéraux de la lherzolite. Les éléments de celle-ci sont plus ou moins brisés, mais la roche ne présente aucune trace de modification endomorphe. Au moment de l'intrusion, la lherzolite devait être en partie solidifiée, car dans un des échantillons que j'ai examinés, on voit une fente microscopique de la roche éruptive remplie par des éléments métamorphiques bréchiformes qui ont été pour ainsi injectés dans la fissure.

La lherzolite est par places séparée des assises métamorphiques bréchiformes par une zone atteignant 8^{cm} et formée par une brèche à très fins éléments que sa couleur jaune fait prendre, au premier abord, pour une brèche lherzolitique. L'examen microscopique montre cependant que cette brèche est exclusivement formée par la trituration des roches métamorphiques, et qu'elle doit sa coloration à des produits ferrugineux secondaires. Elle possède la même structure que les brèches décrites plus haut, avec cette différence toutefois que les fragments intacts y sont moins abondants.

B. Petit col au fond du ravin de la Plagnole.

Quand, en montant au pic de la Fontète-Rouge, on arrive au fond du ravin de la Plagnole, si, au lieu de gravir les pentes de gauche qui conduisent au pic, on grimpe sur les escarpements de droite, on rencontre d'abord la lherzolite au-dessus de laquelle se trouvent des calcaires blancs dont la partie inférieure est formée par une alternance de calcaires rubanés et d'assises schisteuses de couleur foncée. Ce sont les mêmes couches qui sont métamorphisées d'une façon si intense au pic de la Fontète-Rouge ; mais ici les éboulis ne permettent pas d'examiner leur contact immédiat avec la lherzolite.

Des calcaires rubanés, recueillis à 150 mètres du contact, renferment du *mica, pyroxène,* de l'*orthose,* du *sphène,* etc., et ne diffèrent des échantillons de la Fontète-Rouge que par la moindre abondance et la plus petite taille des minéraux métamorphiques.

Grès métamorphisés.

Arrivé en haut de l'escarpement, on trouve un petit col d'où l'on domine le grand ravin de Girantos. Mon attention a été attirée à quelques mètres du col (versant sud) par des bancs d'une roche d'une couleur rosée, alternant avec les calcaires rubanés précités ; cette roche est intéressante à cause de sa composition, c'est un *grès,* lui aussi profondément métamorphisé.

Au microscope, on constate que la roche est en grande partie formée de *quartz* grenu renfermant une quantité prodigieuse de petits grains de *rutile ;* elle contient en outre des cristaux à formes nettes d'une *tourmaline* à peine teintée de jaune pâle en lames minces, des houppes de *sillimanite,* et enfin des squelettes cristallitiques d'*andalousite* et de *sillimanite,* présentant les groupements à axes parallèles que j'ai décrits dans diverses roches métamorphiques[1].

[1] *Minéralogie de la France,* p. 29 et fig. 9 et 21.

C'est l'andalousite qui est l'élément dominant de ces groupes, atteignant plusieursmillimètres de longueur. Le quartz a été complètement remis en mouvement, car tous les grains de la roche sans exception renferment des inclusions de rutile qui est le minéral le plus ancien.

Il n'est pas sans intérêt de faire remarquer l'étonnante similitude de ce quartzite métamorphisé par la lherzolite avec ceux que transforme le granite.

C. Bas du ravin de la Plagnole.

En bas du ravin de la Plagnole, et peu après avoir laissé à droite un pointement de lherzolite, j'ai trouvé au milieu du ravin une petite butte ayant la forme d'une taupinière et élevée de 5 ou 6 mètres seulement ; elle est constituée par une roche verte offrant la plus grande analogie de caractères extérieurs avec les ophites de la forêt de Freychinède ; elle est un peu bréchiforme par places.

L'examen microscopique conduit aux résultats suivants. La roche est essentiellement formée d'*andésine* et d'une *amphibole* d'un vert très foncé. Cette amphibole se présente soit en petites plages, soit en grand cristaux dentelliformes moulant l'andésine grenue. Il existe un peu de *pyroxène* incolore en lames minces en facules dans l'amphibole et enfin une petite quantité de dipyre postérieur au feldspath.

Les brèches sont identiques comme structure aux brèches de contact de Freychinède ; elles renferment de petits fragments intacts, cimentés par des débris des éléments précités auxquels se joignent de grandes lames de mica noir froissé.

Quelle interprétation faut-il donner à cette roche qui se trouve à une petite distance de la lherzolite, mais non à son contact immédiat ? Est-ce une ophite ou une roche de contact ? Contre la première hypothèse plaide sa structure qui est différente de celle de toutes les ophites pyrénéennes ; le feldspath est franchement grenu ; l'amphibole me paraît primaire. Bien que ce minéral soit postérieur au feldspath, la structure ne peut être assimilée à la structure ophitique, elle est au contraire très analogue à celle de plusieurs roches de contact de la Fontète rouge qui est à peu de distance : elle rappelle notamment les variétés de schistes micacés feldspathiques renfermant de l'amphibole. Néanmoins, contre l'hypothèse d'une roche de contact, on peut objecter l'homogénéité de cette masse rocheuse à opposer à la variabilité de toutes les roches de contact décrites dans ce mémoire. Il est vrai que l'on pourrait tourner la difficulté en considérant cette roche comme le résultat du métamorphisme de couches différentes de celles que j'ai précédemment étudiées : tandis que ces dernières sont très hétérogènes et par suite donnent par leur métamorphisme des roches très différentes, celles qui nous occupent au contraire pourraient avoir été originellement homogènes et dès lors on s'expliquerait l'homogénéité du produit de leur transformation. Nous nous trouvons donc ici en présence d'un cas analogue à celui que j'ai signalé plus haut dans la forêt de Frey chinède et à celui dont il va être question plus loin à Lherz.

D. Prolongement vers l'est (ravin de l'Homme mort) des couches métamorphiques de la Fontête rouge. .

Les couches métamorphisées de la Fontête rouge reparaissent comme je l'ai dit plus haut en haut du ravin de l'Homme mort sur le flanc est du pic. Elles se prolongent sur les escarpements droits de ce même ravin qui est parallèle à celui de la Plagnole. Elles sont constituées par des alternances de calcaires rubanés et de schistes noirs qui tombent en décomposition.

Leur couleur foncée tranche sur les calcaires blancs avoisinants ; un couloir rapide est creusé au milieu de ces couches qui s'émiettentau contact de l'air et ne supportent aucune végétation.

La lherzolite n'existe pas au contact immédiat de ces roches situées à plus de 600 mètres de la Fontête rouge, aussi les modifications minéralogiques qu'elles ont subies sont-elles moins intenses que celles qui ont été décrites plus haut, bien qu'elle se soient effectuées strictement sur le même plan. Elles offrent une grande analogie avec les roches métamorphisées de Prades. Il est intéressant de remarquer que tandis que sur le flanc gauche de ce ravin les couches en contact avec la lherzolite ne renferment plus de matières charbonneuses, celles du flanc droit, au contraire, en renferment encore en abondance.

a. *Calcaires à minéraux.*

Les calcaires sont rubanés et sur les surfaces lavées par les eaux on voit apparaître en relief des lits compacts jaunâtres ayant résisté à la dissolution partielle qui a entamé le calcaire.

Au microscope, on constate que celui-ci renferme des inclusions charbonneuses des paillettes d'un mica incolore en lames minces, des grains d'orthose, de sphène et de pyroxène. Parfois ce dernier minéral se présente en grand cristaux dendriformes. Ces divers minéraux renferment souvent un pigment charbonneux ; ils sont disposés suivant des lits parallèles et quand ils deviennent assez abondants, ils passent aux lits compactes dont il va être question.

b. *Cornéennes*

Les roches de ce groupe ne renferment presque plus de mica, et plus du tout de calcite. Elles sont constituées par un agrégrat de petits grains (0 mm. 10 environ de plus grande dimension) des divers éléments énumérés plus haut : le *pyroxène* est englobé par l'*orthose*. Ce dernier minéral n'est pas maclé et on le prendrait au premier abord pour du quartz, si sa biréfringence n'était plus faible

et s'il n'était aisé de constater le signe négatif de sa bissectrice aiguë ; l'écartement des axes optiques est faible. Des essais microchimiques ont été faits sur
de petits grains isolés par l'iodure de méthylène ; ils ont confirmé le diagnostic
optique.

b. *Schistes micacés*

Les lits schisteux intercalés dans les calcaires et les cornéennes qui viennent
d'être étudiés ne laissent voir à l'œil nu que de très fines paillettes de mica.
Dans les lames minces, on constate que ces roches offrent la même structure et
la même composition minéralogique que les schistes micacés feldspathiques de
la Fontète rouge, avec cette différence toutefois qu'ils sont à grains excessivement fins.

En lumière naturelle, on distingue des éléments incolores (*feldspaths*) associés à
des grains peu abondants de *pyroxène*, de nombreuses baguettes de *tourmaline*
d'un gris souris foncé, de globules charbonneux, du sphène. Tous ces minéraux sont moulés par de la *biotite*.

Les feldspaths sont formés par de l'*orthose* et de la *bytownite* présentant dans
leurs proportions mutuelles et dans leur structure les mêmes variations que dans
les schistes de la Fontète rouge. Leurs petites dimensions rendent parfois leur
étude optique fort pénible.

Dans les lames minces, on constate que la trame micacée a beaucoup moins
d'importance que ne le faisait supposer l'examen à l'œil nu : c'est là du reste un
fait qui est fréquent dans les roches de ce genre.

E. Etang de Lherz

Il eût été fort intéressant d'observer le contact des calcaires liasiques et de
la masse de lherzolite de l'étang de Lherz qui est de beaucoup la plus importante
de tous les gisements ariégeois. J'ai suivi pas à pas le massif en question et j'ai
constaté qu'il ne se trouve en contact qu'avec la brèche calcaire supérieure
qui, ainsi que je l'ai établi plus haut, lui est postérieure et en renferme des
galets.

Le contact de la brèche calcaire et de la lherzolite se fait avec quelques
irrégularités très près du thalweg des vallons qui limitent cette butte au sud.
Quand, en partant du pied du pic de Montbeas, on suit ce contact, dans le
vallon d'Artigou, on arrive à un petit col limité au nord par la lherzolite et au
sud par le pic d'Artigou, un des contreforts calcaires du Tuc d'Agnès. En ce
point précis, la brèche calcaire au lieu d'être exclusivement constituée par des
fragments de *calcaires blancs*, cimentés par du calcaire blanc, renferme en
abondance des roches de couleur foncée du lias inférieur offrant des transformations métamorphiques analogues à celles qui ont été décrites dans les gisements précédents.

Ce sont d'abord des calcaires cristallins colorés en gris noir par un peu de matière charbonneuse et renfermant de longs cristaux de *dipyre*, d'*actinote* très allongés suivant l'axe vertical, de *dipyre* et d'*actinote* avec ou sans *sphène* et *mica*. Ces minéraux ainsi que les plages de calcite fixent généralement de la matière charbonneuse sur leur périphérie.

D'autres échantillons sont rubanés et contiennent du *dipyre* et de l'*orthose* grenue, associés à du *mica* et de la matière charbonneuse. Ces silicates sont disposés en lits imparfaitement parallèles, rappelant par leur structure les lits silicatés des calcaires zonés de la Somma. Les plages de calcite sont très maclées et un peu allongées avec axe d'allongement joignant deux zones silicatées.

Enfin en beaucoup plus grand nombre se trouvent des fragments de schistes noirs dans lesquels au microscope, on voit de nombreuses paillettes de *mica*, des grains d'*orthose*, de *quartz* et de *calcite*, disséminés au milieu de très nombreux granules charbonneux. Beaucoup d'entre eux renferment de grands cristaux de *dipyre* de plusieurs millimètres de longueur qui au microscope se montrent curieusement dentilliformes dans de la calcite. Ils sont riches en matière charbonneuse et pauvres en inclusions de mica.

Ces schistes sont l'équivalent de ceux que nous retrouverons au port de Saleix, intercalés dans les calcaires du lias moyen ; ils s'altèrent facilement a l'air, aussi en ce point la brèche est-elle en voie de destruction.

La brèche calcaire ne renfermant jamais que des fragments de roches en place à peu de distance, et d'autre part, ces schistes et ces calcaires avec des caractères voisins se retrouvant non loin de là au-dessous de la brèche calcaire, on peut affirmer que dans le point considéré, les assises du lias moyen se trouvent à fort peu de mètres en profondeur et tout près de la lherzolite.

Après avoir passé le col dont je viens de parler, on entre dans le vallon de Girantos qui se continue au sud-est jusqu'au pic du Mont Ceint ; il est dominé au sud par le Tuc des Paloumères, au nord par les crêtes d'où se détachent les ramifications conduisant au ravin du Bastard et parmi elles le pic de la Fontête rouge. Dans ce ravin se trouvent plusieurs orrys. Après avoir dépassé la première, en longeant toujours la lherzolite, on rencontre une fontaine à quelques mètres de laquelle j'ai trouvé, affleurant sur 4 mètres environ, une brèche métamorphique analogue à celle qui a été longuement décrite à la Fontête rouge. Bien que cette brèche ne se trouve qu'à quelques mètres de la lherzolite, le gazon empêche de voir le contact exact de ces deux roches.

Les éléments dominants de cette brèche sont des *schistes micacés à orthose et bytownite* [1], avec ou sans *dipyre*, identiques à ceux de la Fontête rouge, des cornéennes à *dipyre, pyroxène* et *sphène* rougeâtre pléochroïque, des cornéennes pauvres en *mica* ou dépourvues de ce minéral, constituées essentiellement par de la *bytownite* grenue, du *pyroxène* et un peu de *dipyre*. Le pyroxène forme fréquemment des cristaux porphyroïdes, bordés d'un grand nombre de petits grains du même minéral présentant la même orientation que le cristal central ou bien une orientation différente.

[1] Ils sont parfois riches en matière charbonneuse et un graphite.

Au milieu de ces cornéennes, se rencontrent fréquemment des noyaux ayant la composition des schistes micacés, mais ne renfermant alors que de la *bytownite*. Ces roches sont riches en *pyrite* et renferment du *sphène*.

Les échantillons recueillis dans la brèche sont intacts quand ils sont de grande taille ; ils sont cimentés par une brèche de friction identique comme structure à celle de la Fontète rouge.

L'identification de ces roches métamorphiques, d'une part avec celles de la Fontète rouge dont elles sont strictement les homologues et de l'autre avec les blocs calcaires de la brèche du col dont il vient d'être parlé et dont elles sont les équivalents complètement métamorphisés me paraît tout à fait légitime.

Dans le même gisement se trouvent des roches moins schisteuses absolument laminées et méconnaissables. Elles sont constituées par du pyroxène renfermant des inclusions noires diallagiques, par de la hornblende d'un vert foncé, et par un élément feldspathique indéterminable. Tous ces minéraux sont écrasés et grossièrement alignés. Se trouve-t-on là encore en présence d'une ophite puissamment dynamométamorphisée ou au contraire d'une roche de contact ? L'état actuel de la roche ne permet pas de le dire d'une façon certaine.

Contre la première hypothèse, on pourrait objecter l'absence d'ophite en place dans les alentours, mais il faut avouer que cet argument n'a pas grande valeur puisque les autres roches de la brèche n'affleurent pas davantage.

J'ai dit plus haut qu'il existait en place, près de l'étang de Lherz, des calcaires noirs analogues aux fragments métamorphisés de la brèche du col. Ces calcaires noirs, très riches en matière charbonneuse, se trouvent à l'ouest de l'étang, sur le chemin qui conduit au col d'Eret et à une centaine de mètres avant d'arriver au ravin qui traverse le chemin (planche I). Ils alternent avec des lits argileux plongeant vers le sud-ouest sous la brèche calcaire du pic de Montbéas qui en renferme des galets (fig. 8). Ils contiennent en abondance de très gros cristaux de *dipyre* noir identiques à ceux de la montée du port de Massat ; accidentellement, on trouve dans ces calcaires de la *pyrite*, de gros cristaux (?) de *quartz* blancs très fendillé, des paillettes de *mica*, etc.

§ IX. — PORT DE SALEIX

La figure 4 de la page 13 donne la coupe des assises calcaires situées entre le col de Saleix et le port du même nom. Les calcaires qui surmontent la brèche inférieure sont d'un blanc jaunâtre et plus souvent gris ou noirs ; ils alternent avec des schistes et des quartzites noirs qui, en tombant en décomposition, donnent une terre noire permettant de reconnaître facilement de loin cette formation, dont les débris se rencontrent à la base de la brèche du jurassique supérieur.

J'étudierai successivement les calcaires, puis les schistes.

a. *Calcaires à minéraux*[1].

Les calcaires à grands cristaux de *dipyre* sont tout à fait identiques à ceux de Lherz. Le dipyre est plus ou moins riche en pigment charbonneux, il est parfois accompagné par de la *trémolite* en longues aiguilles et par quelques paillettes de *mica*. Ses cristaux présentent des faces très nettes dans la zone verticales. Ils ont été souvent brisés en tronçons séparés les uns des autres par des actions mécaniques postérieures à leur formation.

On a vu plus haut que c'est dans ces calcaires et particulièrement dans ceux qui alternent avec les lits schisteux que nous avons trouvé, M. de Lacvivier et moi, de nombreux fossiles : grands pectens(*p. œquivalvis ?*), bélemnites, tests d'acéphales, qui sont accompagnés de dipyre noir.

Ce gisement de dipyre est connu depuis longtemps. J. de Charpentier, puis Dufrénoy citent ces cristaux noirs comme type de leur *couséranite*.

Ces roches fournissent des échantillons de collection présentant la particularité assez rare de renfermer à la fois de fort beaux cristaux et des débris de fossiles.

J'ai recueilli en assez grande abondance des calcaires beaucoup moins cristallins que les précédents, contenant une quantité considérable de matière charbonneuse ; les cristaux de *dipyre* sont extrêmement abondants, et sur les surfaces altérées à l'air ils se détachent sous forme de grains ovoïdes, rappelant

[1] Le versant Est du port de Saleix est un des gisement les plus intéressants des Pyrénées au point de vue minéralogique. A 300 mètres environ au sud du port, on trouve des calcaires paléozoïques au contact du granite qui y développe de gros cristaux de *grenat grossulaire*, d'*idocrase*, de la *wollastonite*, alors que les schistes argileux se chargent *d'andalousite* et de *biotite* (schistes maclifères). Immédiatement au-dessous du port et sous la brèche inférieure liasique se rencontrent des gneiss, alternant avec des amphibolites et des cipolins dans lesquels j'ai trouvé en abondance de la *humite*, de la *chondrodite*, du *spinelle*, des *pyroxènes*, des *amphiboles*, de la *phlogopite*, etc. Enfin à 50 ou 60 mètres au-dessus, se trouvent les *calcaires à dipyre* décrits ci-dessus.

Ces trois sortes de calcaires cristallins ayant chacun leurs minéraux spéciaux et chacun une origine différente, s'observent sur une surface de quelques centaines de mètres de diamètre. Les ravins dans lesquels ils affleurent viennent se réunir au pied du port de Saleix pour former le ruisseau de Saleix, et l'on voit à quelle conclusion erronée, au sujet de l'interprétation de l'origine des minéraux qu'ils contiennent, on arriverait, si l'on se contentait de recueillir ces calcaires dans les éboulis, sans vérifier la nature exacte de leur gisement.

Cette région est du reste intéressante à un autre point de vue, en montrant à peu de distance les uns des autres, des *calcaires paléozoïques* métamorphisés par le granite et des *calcaires jurassiques* modifiés par la lherzolite. Les différences *capitales* qui s'observent dans la nature des minéraux métamorphiques de ces deux catégories de roches seraient suffisantes à elles seules pour faire rejeter l'hypothèse de Durocher qui attribuait au granite un âge post secondaire et mettait sur le compte de cette roche le développement du dipyre dans les calcaires liasiques. Mais j'ai montré d'autre part (*C. R.* CXII, 1468 1891), qu'au port de Saleix, c'est le gneiss et non le granite qui a été figuré dans les coupes de Durocher et que cette roche se trouve en galets dans la brèche du lias inférieur, ce qui tranche définitivement pour cette région la question du prétendu granite post jurassique.

les grains d'orge. L'examen microscopique fait voir que ces cristaux doivent cette forme à des déformations mécaniques. Ils sont souvent brisés en plusieurs fragments, peu distants les uns des autres et séparés par de la calcite.

La matière charbonneuse s'est concentrée dans ces cristaux; tantôt elle est distribuée sans ordre, tantôt régulièrement et d'une façon analogue, sinon identique, à celle qui est caractéristique de la chiastolite. La même roche renferme de la *trémolite*, un peu de *mica*, de *sphène*.

b. *Schistes et quartzites micacés.*

Je ne sépare pas l'une de l'autre ces deux catégories de roches, elles ont en effet la même composition qualitative et ne diffèrent que par les proportions relatives de leurs éléments essentiels, *quartz*, *mica* et *matière charbonneuse*.

Quand le mica est très abondant, la roche est schisteuse, tendre, se délite facilement. Quand au contraire le quartz domine, la roche compacte, très résistante et sonore ne présente plus de schistosité, bien que sur les cassures fraîches, le mica se montre encore très abondant ; ces deux roches renferment souvent de la pyrite.

Ces *schistes micacés* sont parfois presque entièrement formés par de petites paillettes d'un *mica* incolore à deux axes optiques assez écartés (2E = 50°) extrêmement riche en matière charbonneuse ; on n'observe qu'une petite quantité de grains quartzeux également salis par des inclusions d'une substance noire, qui moule souvent le mica.

Au milieu de ce fond, s'observent quelques cristaux de *sphène* et surtout de grandes taches de *dipyre*, englobant tous les éléments précédents. Quand la roche est à éléments très fins, une tache de dipyre renferme un nombre prodigieux de paillettes de mica et de grains quartzeux. Le dipyre est alors réduit à un ciment cristallin d'orientation uniforme, réunissant les minéraux précédents. Ce fait se présente surtout dans les roches riches en grains de quartz, c'est-à-dire dans les *quartzites micacés*.

La présence de ces grands cristaux de dipyre peut être quelquefois distinguée à l'œil nu ; les schistes ou les quartzites sont alors tachetés.

J'ai recueilli plusieurs échantillons d'une roche schisteuse noire, à surface creusée de nombreuses cavités ; ils sont exclusivement formés par de la matière charbonneuse, associée à un *mica blanc* cryptocristallin. J'ai été tout d'abord assez embarrassé pour savoir quelle interprétation donner à cette roche ; mais j'ai trouvé cette année un échantillon de ce genre renfermant de nombreux fragments de dipyre et montrant à l'évidence que le mica est le résultat de la l'altération de ce minéral.

Fort souvent dans les schistes quartzeux ou les quartzites, on observe des amandes formées de *quartz* et de *mica noir*. Plusieurs de ceux que j'ai étudiés étaient en outre riches en longues aiguilles de *tourmaline*.

J'ai observé un échantillon exceptionnel dans lequel, en outre des éléments précédemment indiqués, il existe de nombreuses plages irrégulières de zoïsite.

Formation de filonnets obliques à la schistosité. — Une des particularités de ce gisement consiste dans l'existence de nombreux produits formés dans les fentes des roches métamorphisées.

Les schistes micacés particulièrement, sont souvent parcourus de fissures irrégulières que tapissent de très jolis cristaux de *zoïsite* d'un blanc de lait atteignant 5 millimètres de plus grande dimension ; ces cristaux, allongés suivant l'axe vertical, présentent les faces *m* (110) et quelquefois un clinodome que je n'ai pu déterminer à cause du peu de brillant de ses faces. Lorsqu'on taille une lame sur le bord de ces fentes, on constate que jusqu'à quelques millimètres la roche est imprégnée de *zoïsite*.

Les cristaux de zoïsite s'enchevêtrent, formant un remplissage de quelques millimètres à structure miarolitique ; ils sont fréquemment associés à du *dipyre* blanc. Dans d'autres échantillons, il existe des filonnets de *trémolite* fibreuse ayant environ 2 cm. d'épaisseur. Ce minéral s'associe aussi fréquemment au dipyre et à la zoïsite.

Enfin, j'ai observé de nombreux filonnets de *quartz* atteignant 5 cm. d'épaisseur ; à leurs salbandes ils renferment des paillettes de *muscovite*, des cristaux de *dipyre*, de l'*actinote*: on peut souvent constater qu'à leur contact, les schistes micacés deviennent tachetés sur 2 ou 3 centimètres par suite du développement de grands cristaux de dipyre ; de plus, la matière charbonneuse est transformée en *graphite*.

L'écartement des axes de la *muscovite* est de $2E = 60°$ environ ; elle présente de fort belles macles avec pénétration suivant les lois habituelles: dans une même lame, on voit très fréquemment les directions de plan des axes de deux plages contigües faire entre elles un angle de 60°.

La production de quartz et de muscovite paraît étrange dans de semblables conditions et, lors de notre première excursion dans ce gisement, il a fallu la présence de bélemnites dans les calcaires intercalés avec ces schistes pour nous convaincre que nous étions en présence de sédiments liasiques. Maintenant que les phénomènes de contact sont connus par les descriptions données plus haut, il est facile de voir que cette observation est conforme à ce qui a été observé autre part. Les associations de *quartz*, de *dipyre* et de *zoïsite* des filonnets du port de Saleix, sont en effet identiques à celles qui se rencontrent sur une plus petite échelle dans certains des calcaires de Prades et des environs de Vicdessos.

Développement drusique de zéolites. — Toutes les fissures des roches de la zone métamorphisée, aussi bien celles des calcaires que celles des schistes, sont traversées par des fentes tapissées par des cristaux de *calcite* et des rhomboèdres de *chabasie*, atteignant souvent 4 mm. La formation de ces minéraux est due à des circulations d'eau, postérieures à tous les phénomènes métamorphiques décrits plus haut.

FEUILLE DE BAGNÈRES

TUC D'ESS

Le Tuc d'Ess est fort curieux au point de vue qui nous occupe, car on y observe des roches métamorphiques, non seulement au contact immédiat de la lherzolite, mais encore à plusieurs centaines de mètres de celle-ci. Les types pétrographiques que l'on rencontre dans ces *conditions différentes* sont *différentes* les unes des autres et tout à fait comparables à des roches qui, dans l'Ariège, ont été étudiées dans des gisements distincts.

A. CONTACT IMMÉDIAT

Le Tou

Quand, en partant du hameau du Portillon par le chemin du hameau des Comères, on fait le tour de la lherzolite du Tuc d'Ess, on rencontre à main gauche un petit sentier conduisant aux métairies du Tou, adossées au Tuc de Montnère. Ce sentier commence vers un petit mur en pierres sèches dans lequel j'ai rencontré quelques blocs de roches métamorphiques que je n'ai pas tardé à trouver en place dans le sentier lui-même. Celui-ci n'ayant pas de talus latéraux, il est nécessaire de creuser au pic pour arracher des échantillons convenables de *schistes micacés*, *cornéennes*, etc., que l'on voit alterner les uns avec les autres sur près de 80 mètres.

Au delà et du côté du Tou, les assises liasiques[1] sont formées par des calcaires blancs marmoréens.

Le peu de temps dont je disposais ne m'a pas permis de fouiller à fond la périphérie du piton lherzolitique du Tuc d'Ess; il est probable qu'on retrouverait de nouveaux contacts si l'on cherchait à suivre la ligne de séparation de la lherzolite et des calcaires liasiques dans le bois qui domine la route du col de Portet à Sengouagnet : en effet, j'ai recueilli sur le bord de la route, au milieu des éboulis riches en blocs de lherzolite, des fragments de roches métamorphiques, identiques à celles du Tou, ce qui indique l'existence dans la forêt de contacts que je n'ai pas vu en place.

Au point de vue minéralogique, les roches métamorphisées du Tou se rapprochent beaucoup de celles de Lordat. On peut y distinguer les types suivants, alternant en bancs minces :

---

[1] Leymerie a trouvé des gryphées (?) dans les calcaires intercalés dans les schistes et les grès argilo-calcaires situés entre Portillon et la comme de Bareilles. Ce savant avait remarqué la cristallinité des calcaires renfermant des cristaux de dipyre au voisinage de la lherzolite et dit qu'on pourrait l'attribuer à l'action de la roche éruptive (*op. cit.*, 158 et 160).

a. *Calcaires à minéraux*

Ces calcaires renferment les minéraux habituels : *dipyre, mica, pyroxène, amphibole* et *sphène* ne présentant aucune particularité intéressante.

b. *Schistes micacés.*

α. *Schistes micacés tachetés.* — Ces schistes micacés sont à éléments très fins et passent à des cornéennes ; ils se rapprochent beaucoup du type commun à Lordat. De grandes taches de *dipyre* se détachent en blanc sur un fond essentiellement constitué par de fines paillettes de 0 mm. 05 de *biotite*, associées à un peu de *pyroxène* finement grenu et à des cristaux nets de *tourmaline* bleu verdâtre en longs cristaux nets.

Ces même minéraux se rencontrent en inclusions dans le dipyre.

Dans quelques échantillons, les grands cristaux de dipyre deviennent rares ou disparaissent et l'on observe quelques grains de *quartz*, c'est ainsi que par gradations se fait le passage aux roches suivantes :

β. *Schistes micacés quartzifères et quartzites micacés.* — Ces schistes diffèrent surtout des précédents par la très grande abondance des grains de *quartz*,

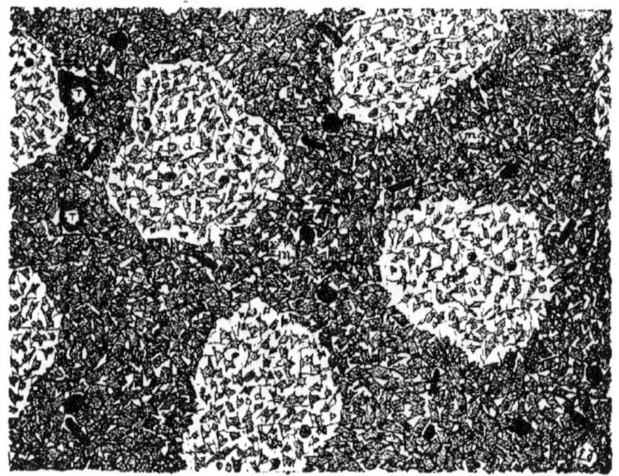

Fig. 18. — Schiste micacé tacheté du Tou.
Taches de dipyre (d) riches en paillettes de mica (m) et en cristaux de tourmaline (T) qui constituent avec du quartz le fond de la roche (*Lumière naturelle*).

cimentés par de fines paillettes de *biotite* et par du *pyroxène*; çà et là on observe de grands cristaux à formes nettes de *dipyre* ou de *pyroxène* qui englobent en grande quantité des *grains quartzeux* et des paillettes de *mica*. La *tourmaline* et le *sphène* sont abondants.

Dans quelques échantillons à grands éléments, le ciment micacé est très réduit et même par places disparaît totalement ; la roche devient un véritable *quartzite* dont les grains quartzeux sont parfois englobés par de grandes plages de *dipyre*.

c. *Roches amphiboliques*

Les roches amphiboliques sont très abondantes dans ce gisement ; elles rappel ent quelques-uns des types de Lordat. Elles sont essentiellement composées de *dipyre*, d'*amphibole* d'un vert clair avec toujours une petite quantité de *tourmaline* aciculaire et de *sphène*, parfois aussi de *biotite*. Les variétés micacées renferment des nodules de cornéennes auxquelles elles passent insensiblement.

Le dipyre contient presque toujours une grande quantité d'inclusions microscopiques de tourmaline, de mica, d'amphibole dont l'allongement est souvent disposé parallèlement à son axe vertical.

On peut distinguer deux types principaux dans ces roches amphiboliques, le premier a l'aspect d'une diorite de couleur claire : il est formé par de longues baguettes enchevêtrées de dipyre et d'amphibole atteignant souvent plusieurs millimètres ; des roches analogues se trouvent à Lordat.

Dans le second type, l'amphibole est allongée, le dipyre forme au milieu de la roche des taches blanches souvent constituées par un grand nombre de grains ou par de longs cristaux postérieurs à l'amphibole ; plus rarement, il existe un peu d'*épidote*. C'est dans cette roche que le mica abonde : parfois on y trouve aussi de la *calcite*.

d. *Cornéennes*

Les cornéennes du Tou appartiennent à deux catégories ; celles de la première sont généralement à grands éléments, elles dérivent des roches amphiboliques par diminution progressive de l'amphibole. La roche est alors formée par du *dipyre* globuleux ou prismatique, extrêmement riche en fines inclusions de *tourmaline*, de *mica*, d'*amphibole* aciculaire et de *sphène*. Ces cornéennes forment souvent des nodules au milieu des roches amphiboliques.

La seconde catégorie de ces cornéennes renferme des roches de composition et surtout de structure fort variées ; les unes se rapprochent de quelques cornéennes du bois du Fajou. Dans un ciment formé de paillettes de *mica*, de grains de *dipyre* et de cristaux de *tourmaline*, se trouvent des taches constituées par des cristaux dentelliformes de *dipyre*, de *pyroxène* ou d'*amphibole*.

Dans le ciment micacé, on observe parfois de l'*anorthite* finement grenue (échantillons éboulés sur la route du col de Portet).

D'autres cornéennes peuvent être considérées comme des schistes micacés à éléments très fins non orientés dans lesquels le *dipyre* en grandes plages abonde et donne de la compacité à la roche qui possède une *structure de retrait prisma-*

tique. De même que les schistes micacés dont elles dérivent, ces cornéennes renferment quelquefois des grains de *quartz*.

B. ROCHES NON EN CONTACT IMMÉDIAT AVEC LA LHERZOLITE

Route du col de Portet à Sengouagnet

La route de Portet à Sengouagnet, après avoir franchi le col de Portet, longe la rive gauche de la vallée ; elle entame des assises liasiques formées par des calcaires noirs, alternant avec des schistes et des quartzites de même couleur qui offrent la plus grande analogie avec ceux du port de Saleix. Leurs transformations sont analogues.

Ces roches présentent leur maximum de métamorphisme au voisinage de la lherzolite du Tuc d'Ess, près la coume de Bareilles, ravin qui longeant le Tuc d'Ess à l'est aboutit à la route de Portet. Je ne puis préciser la distance à laquelle se trouve la lherzolite, n'ayant pas eu le temps de parcourir le bois dans lequel se fait le contact, mais je ne pense pas qu'elle dépasse 500 mètres.

a. *Calcaires à minéraux.*

Les *calcaires noirs* plus ou moins cristallins renferment les minéraux habituels, *dipyre, biotite* etc., sur lesquels il n'y a pas lieu d'insister [1]. Il n'en est pas de même pour les schistes et quartzites.

b. *Schistes et quartzites micacés.*

Le type commun de schistes noirs et les quartzites micacés offrent une identité complète d'aspect non seulement avec ceux de Saleix, mais encore avec ceux que j'ai trouvés au sud du massif de Lherz en blocs dans la brèche du jurassique supérieur. Au microscope, on constate qu'ils sont formés par des paillettes de *mica* avec généralement un peu de *quartz* et une très grande quantité de *matière charbonneuse*, alignée dans le sens de la schistosité.

Le plus souvent, au milieu de ces roches, apparaissent des cristaux globuleux de *dipyre*, atteignant plusieurs millimètres. Ils sont riches en inclusions charbonneuses. Dans plusieurs échantillons, ces cristaux de dipyre sont brisés et cimentés par des grains quartzeux que moule de la matière charbonneuse.

c. *Cornéennes à dipyre.*

A l'entrée de la coume de Bareilles, j'ai recueilli une roche qui par ses caractères extérieurs ressemble aux cornéennes de contact du granite.

[1] Ils renferment de petites taches riches en pigment charbonneux et formées par de la calcite microcristalline dont la petitesse des grains contraste avec les dimensions de ceux qui constituent la plus grande partie de la roche : peut-être sont-ce là des restes non métamorphisés de la roche originelle. Certains lits de ces roches sont riches en grains de quartz.

Elle est noire, compacte. très dense et très tenace : sur les surfaces exposées à l'air elle présente un aspect variolitique. Dans les cassures fraîches, on voit briller des cristaux noirs prismatiques, entourés par un ciment noir mat. Au microscope, on constate que cette roche est une *cornéenne quartzeuse*.

Des cristaux de *dipyre* sont pressés les uns contre les autres, à peine séparés par un ciment très cristallin formé de grains de *quartz* et de paillettes de *biotite*. C'est en somme un schiste micacé quartzeux dans lequel un développement exagéré des grands cristaux de dipyre a considérablement réduit les proportions du mica. La matière charbonneuse est très abondante dans tous les éléments de cette roche qui diffère des cornéennes du contact immédiat de la lherzolite par l'existence de ce pigment charbonneux et l'absence de pyroxène.

La tourmaline est peu abondante dans ces roches.

Développement drusique de minéraux divers. — Dans les fissures d'un bloc de la cornéenne à dipyre qui vient d'être décrite, j'ai trouvé de nombreux cristaux d'*albite* à aspect de porcelaine. d'un blanc opaque. Ils sont maclés suivant la loi de l'albite. Ces cristaux atteignent 4 millimètres : ils présentent les formes *t* (110), *m* ($1\overline{1}0$), *g*¹ (010), *p* (001), *a*¹/² ($\overline{2}$01), *b*¹/² ($\overline{1}\overline{1}1$) *c*¹/² (111). C'est le seul cas de production de feldspath drusique que j'ai constaté au contact de la lherzolite. Cette albite est accompagnée de gros cristaux [¹/² *b*² (210)] de *pyrite*, en partie transformés en *limonite*.

Les zéolites si abondantes à Saleix dans les calcaires et les schistes noirs ne sont pas rares sur la route de Portet. La *chabasie* en rhomboèdres de 3 mm., rarement maclée suivant *p* ($10\overline{1}1$) est souvent associée à des cristaux de *calcite* [*b*¹ ($0\overline{1}12$) ou *e*² ($10\overline{1}0$) *b*¹ (0112)]. J'ai trouvé en outre de la *stilbite* et de la *laumonite* fibrolamellaires.

§ II. — MASSIF D'ARGUÉNOS-MONCAUP

Leymeric a signalé depuis longtemps la cristallinité des calcaires liasiques d'Arguénos qui ont été exploités comme marbres et qui renferment du *dipyre*, de même que les calcaires de Moncaup et de Cazannous. J'ai constaté l'exactitude de cette observation. Malheureusement, je n'ai pu trouver le contact immédiat de ces calcaires à dipyre et de la lherzolite. Comme d'autre part, il existe dans cette région des ophites, il y a lieu d'attendre de nouvelles observations pour savoir à laquelle de ces deux roches il faut attribuer ces phénomènes métamorphiques, dont l'origine ne doit pas du reste être cherchée autre part. Sur le chemin qui va de Juzet à Arguénos et avant d'arriver au ruisseau du Jop, j'ai observé, dans les talus, des roches altérées que le mauvais temps ne m'a pas permis de suivre et qui m'ont paru rappeler quelques-unes des calcaires à amphibole. décrits à plusieurs reprises dans ce travail.

FEUILLE DE TARBES

MOUN CAOU

Depuis une vingtaine d'années, M. de Limur, le minéralogiste bien connu, a distribué sous le nom d'*albite du Mont Cau* de fort jolis cristaux d'*albite* noirs atteignant 5 mm et présentant la macle du roc Tourné, ces cristaux ont été décrits cristallographiquement par von Lasaulx [1] sans qu'il ait encore été donné aucun renseignement sur les conditions de leur formation.

J'ai visité cette année leur gisement et j'ai pu constater que ces cristaux d'albite se sont développés dans des calcaires jurassiques au contact immédiat de la lherzolite du Moun caou. J'ai eu quelque de peine à trouver le contact dont il s'agit, aussi me parait-il utile de donner des indications précises sur sa position. La route qui conduit aux bains de Durrieu vient se terminer à l'entrée du cirque dont il a été question page 6, et se divise en plusieurs sentiers permettant l'exploitation du bois ado-sé à la butte du Moun caou. L'un des plus importants, après avoir traversé un ruisselet descendant du Moun caou, chemine à peu de distance du ruisseau le Bazet, qui ne tarde pas à être encaissé entre deux falaises calcaires couvertes de broussailles. Entre la cabane de Cot de Bourdiala et le Pé de Moun caou, ce chemin gravit une pente douce dans le quartier d'Escambélé. Sur une trentaine de mètres, les talus de ce sentier renferment des blocs de calcaire à albite ; j'ai pu trouver cette roche en place au contact immédiat de la lherzolite dans les brou-sailles qui à ce point couvrent les rochers dominant le Bazet.

Le développement d'*albite* ne paraît pas se produire à plus d'une trentaine de mètres de la lherzolite.

L'exploration approfondie de la région broussailleuse, située au pied du Moun caou, permettrait très probablement de découvrir d'autres contacts : il ne serait guère possible de l'entreprendre qu'à la fin de l'hiver.

Dans un ravin situé à environ 1200 mètres du contact, on trouve des calcaires noirs dolomitiques très cristallins qui doivent peut-être leur cristallinité à la même cause, mais dans lesquels je n'ai trouvé aucun minéral néogène.

Contrairement à ce que j'ai observé dans tous les gisements précédemment décrits, il n'existe pas à Escambélé de *lits* entièrement silicatés ; mais j'ai rencontré dans les calcaires cristallins des *nodules* ne dépassant pas 10 cm. de diamètre et dans lesquels le calcite a complètement disparu. Cette absence de lits silicatés tient à ce que les calcaires modifiés étaient relativement homogènes et ne renfermaient pas ces lits argileux qui dans les gisements précédents ont fourni les principales roches métamorphiques.

[1] *Zeitschr. f. Kryst.* V. 341, 1880.

a. — *Calcaires à albite.*

Ces calcaires sont gris, noirs ou parfaitement blancs et dans tous les cas très cristallins. Les cristaux d'albite qui font saillie sur les surfaces exposées à l'air présentent les mêmes variations de couleur ; les cristaux noirs se présentent souvent dans des calcaires blancs et fournissent alors de fort beaux échantillons. Ils sont très irrégulièrement répartis, et généralement ne sont pas orientés dans le calcaire. Dans quelques blocs, ils forment près d'un quart de la roche.

Ils constituent des lamelles offrant la forme de parallélipipèdes, allongés suivant la plus grande diagonale et possédant de 2 à 5 mm. suivant cette diagonale. Leur applatissement a lieu suivant g^1(010), ils présentent en outre les faces p (001), $b^{1/2}$ ($\bar{1}1\bar{1}$) très développées, plus rarement a^1 ($\bar{1}01$) avec en outre m ($1\bar{1}0$), ^2g($1\bar{3}0$) ; ils sont tous maclés suivant les lois de l'albite, de Carlsbad et du roc Tourné. Cette dernière macle se manifeste on le sait, par une gouttière sur g^1 (010), limitée par la face ^2g ($1\bar{3}0$) : la partie antérieure et la partie postérieure de ce groupement sont toujours également développées. Cette forme est absolument la même dans *tous* les cristaux d'albite de *tous* les calcaires métamorphiques des Pyrénées, dont de nombreux exemples vont être signalés dans la 2e partie de ce mémoire.

On sait que la *macle du roc Tourné* est une macle de l'albite double. Deux *groupes* de cristaux, individuellement maclés suivant la loi habituelle de l'albite, sont en outre maclés *entre eux* suivant la même loi, mais avec cette particularité que l'axe de rotation restant perpendiculaire à g^1 (010), la face d'accouplement est *théoriquement* h^1 (100). Pour les détails cristallographiques concernant ces cristaux, je renvoie à ma *Minéralogie de la France*.

Le *mica* presque absent dans quelques échantillons est au contraire abondant et souvent orienté suivant des lits parallèles. Il est toujours constitué par une *phlogopite* parfois jaune plus ou moins foncé, mais le plus souvent non ferrifère et alors absolument incolore ; son abondance paraît en raison inverse de celle de l'albite.

La *leuchtenbergite* forme de petites lamelles hexagonales d'un blanc nacré, souvent teintées en vert pâle, ayant en moyenne 1 mm. de diamètre ; elles sont généralement groupées en rosettes, associées à de petits cristaux de *pyrite* et souvent implantées sur des cristaux d'albite. La leuchtenbergite accompagne l'albite dans tous les calcaires pyrénéens étudiés dans ce mémoire ; comme l'albite et le mica, elle est très apparente sur les surfaces exposées à l'air.

La *pyrite* forme des octaèdres réguliers remarquablement nets, atteignant 2 mm. de plus grande dimension : ils sont surtout très beaux dans des calcaires pauvres en silicates. J'ai recueilli des blocs de la grosseur du poing d'où j'ai extrait plusieurs centaines de cristaux intacts et souvent riches en faces.

L'échantillon de calcaire à albite étudié par von Lasaulx, ne renfermait que de l'albite et de la pyrite dans laquelle la forme dominante était le dodécaèdre pentagonal, avec le cube, l'octaèdre et diverses autres formes subordonnées.

L'étude microscopique de ces roches est intéressante. Elle montre qu'en outre des éléments énumérés plus haut, le calcaire renferme souvent de petits grains de *quartz*. En traitant par l'acide chlorhydrique une grande quantité de calcaires, j'en ai extrait quelques cristaux de quartz prismatique blanc ou noir, atteignant 5 mm. ; leurs angles sont arrondis.

La coloration noire de l'albite est due à la concentration au milieu de ce minéral de tout le pigment coloré de la roche ; il se passe là un phénomène analogue à celui qui s'observe si souvent dans les calcaires à dipyre dont les cristaux sont généralement plus colorés que la roche qui les renferme. Dans les calcaires noirs, le pigment charbonneux est aussi parfois fixé par la leuchtenbergite.

Dans les lames minces, on constate que les individus maclés suivant la loi du roc Tourné ne sont point accouplés suivant un plan, comme pourrait le faire croire l'examen à l'œil nu, mais qu'ils s'interpénètrent généralement à la façon de deux peignes enchevêtrés.

L'étude des sections de la zone perpendiculaire à g^1 (010) permet la vérification de l'exactitude des courbes d'extinction des lamelles maclées suivant les lois de l'albite et de Carlsbad, récemment publiées par M. Michel Lévy[1].

Toutes les propriétés optiques de ce feldspath étant celles de l'albite normale, il n'y a pas lieu d'insister sur ce sujet.

La leuchtenbergite possède les mêmes propriétés que celle de Slatoust.

L'angle des axes optiques est voisin de 0°. La biréfringence maximum est peu différente de celle du quartz $(n_g - n_p = 0,009)$. La bissectrice aiguë est *positive* ; la biréfringence rapproche beaucoup plus la leuchtenbergite du clinochlore que de la pennine. Les macles polysynthétiques suivant les lois habituelles aux chlorites sont assez fréquentes ; l'angle d'extinction des lamelles hémitropes est très voisin de 0° dans les sections perpendiculaires à p (001).

La leuchtenbergite est soit implantée sur l'albite, soit englobée par elle.

Le mica, incolore ou à peine coloré en lames minces, est à deux axes presque réunis, il paraît contemporain à la leuchtenbergite ; il s'en distingue aisément non seulement par sa couleur quand il est teinté, mais encore par sa biréfringence.

b. — Nodules micacés.

Au milieu des calcaires à albite, j'ai recueilli des globules arrondis ayant parfois 10 cm. de diamètre ; ils sont colorés en jaune par d'innombrables paillettes de phlogopite. Quand on brise le calcaire, ces nodules se détachent aisément ; ils sont beaucoup plus durs et plus compacts que la roche qui les renferme. Au microscope, on constate qu'ils sont souvent, à proximité des nodules, l'albite du calcaire leur forme une enveloppe grossièrement concentrique, généralement dépourvus de calcite et de leuchtenbergite et formés par de l'albite dominante et de la phlogopite.

---

[1] *Étude sur la détermination des feldspaths dans les lames minces.* Paris, Baudry, 1894, p. 32.

La structure de la roche est grenue, l'albite ne pouvant plus prendre de formes géométriques en l'absence de ciment calcaire.

Le mica est soit postérieur à l'albite, soit englobé par elle.

Ces nodules à albite renferment souvent du *sphène* en plages irrégulières, au milieu desquelles se trouve une trame noire à symétrie ternaire qui fait penser que le sphène est le résultat de la transformation d'ilménite.

Fig. 19. — Nodule à albite du calcaire du Moun caou.
Albite (*a*) et phlogopite (*m*) prenant des formes géométriques au contact de la calcite (*c*),
sphène (*s*) épigénisant de l'ilménite.

La structure est celle d'une roche grenue ancienne et il serait assez difficile de démêler son origine, si on ne la voyait en quelque sorte naître au milieu du calcaire. Quand en effet on taille des plaques au contact de ces nodules et du calcaire, on constate qu'il existe un passage insensible entre les deux roches ; l'albite et le mica prennent des formes géométriques au fur et à mesure que la calcite devient plus abondante.

Quelques échantillons de calcaires à albite et phlogopite incolore renferment ces minéraux en telle quantité qu'après attaque par un acide, ils restent cohérents et sont formés par des cristaux enchevêtrés d'albite et de phlogopite : c'est le passage aux nodules micacés, avec cette particularité que le mica n'est pas ferrugineux.

DEUXIÈME PARTIE

OPHITES

AVANT-PROPOS

L'*âge des ophites* est une des questions les plus discutées de la géologie pyrénéenne. Mes courses m'ayant surtout conduit jusqu'à présent dans la haute montagne, je n'ai visité que quelques-uns des nombreux gisements ophitiques de la plaine, aussi pour l'instant n'ai-je point l'intention d'étudier les ophites au point de vue stratigraphique.

Les résultats auxquels m'a amené l'étude des phénomènes de contact de la lherzolite me porte à penser que c'est en examinant avec soin les contacts des *ophites* qu'on arrivera à élucider la question de l'âge de ces dernières roches.

Bien que les documents que je possède sur ces phénomènes de contact n'aient été recueillis par moi qu'occasionnellement et qu'ils soient par suite très incomplets, j'ai pensé qu'il était cependant utile d'appeler dès à présent l'attention sur eux. Les quelques pages qui suivent doivent donc être considérées non comme le résultat d'un travail définitif, mais comme une simple indication de la direction dans laquelle je compte diriger mes recherches dans la campagne prochaine.

Je tiens à faire remarquer que depuis fort longtemps, les géologues qui ont étudié les Pyrénées ont été frappés de la fréquence du dipyre dans les calcaires voisins des ophites et des lherzolites[1] et ont considéré ce minéral comme un produit métamorphique dû à l'action de ces roches éruptives. mais à part cette constatation, aucune étude approfondie des roches en question n'a été faite jusqu'ici. On verra plus loin que l'examen microscopique des soit disant argiles talqueuses qui ont été souvent citées comme gangue du dipyre fait voir que ces roches offrent l'analogie la plus frappante avec certains schistes micacés de contact de la lherzolite.

---

[1] Ce minéral a aussi été mis souvent, et à tort, sur le compte de l'action du *granite*. Voir à sujet la note de la page 76.

Je suis persuadé que l'étude minutieuse des pointements ophitiques permettra de découvrir au contact d'un très grand nombre d'entre eux des roches du genre de celles qui vont être décrites et par suite de généraliser les conclusions auxquelles conduit leur étude : la recherche devra porter particulièrement sur le contact *immédiat* des ophites et des assises sédimentaires dans lesquelles ont été signalés des cristaux de dipyre.

Un grand nombre d'ophites pyrénéennes sont accompagnées de gypse et de marnes bariolées riches en cristaux de quartz, d'aragonite, etc. Je ne m'occuperai pas de ces dernières pour l'instant, me bornant à l'étude des calcaires et marnes calcaires dont le métamorphisme se rapproche de celui que les roches similaires ont subi au contact des lherzolites. On verra plus loin, du reste, que ce métamorphisme n'est pas lié d'une façon nécessaire à l'existence du gypse.

ÉTUDE PRÉLIMINAIRE DES DIVERS PHÉNOMÈNES DE CONTACT

FEUILLE DE FOIX

§ 1. — ARNAVE

A quatre kilomètres en amont de Tarascon, le ruisseau d'Arnave débouche dans l'Ariège (rive gauche), près du hameau de Bompas. Sur la rive droite du ruisseau et à l'entrée du village d'Arnave se trouvent plusieurs carrières de gypse actuellement exploitées à ciel ouvert ; des galeries de quelques mètres seulement y ont été creusées. Depuis plusieurs années la surface des couches exploitées a beaucoup changé, soit du fait de l'exploitation soit de celui des éboulements. Dans ces carrières, on constate que le gypse résulte de l'hydratation d'anhydrite et que ces deux roches sont associées à des calcaires plus ou moins cristallins et très riches en minéraux.

En creusant une galerie, les exploitants ont cette année rencontré au milieu du gypse une lentille de calcaire à amphibole et pyrite dont la surface de jonction avec le gypse était arrondie et corrodée. Comme d'autre part on trouve dans le gypse et dans l'anhydrite les mêmes minéraux que dans les calcaires, il me paraît probable que l'anhydrite provient de la sulfatisation de ces derniers. C'est là du reste une question sur laquelle je me propose de revenir prochainement en étudiant d'une façon générale les gypses pyrénéens.

Les assises qui nous occupent reposent sur le gneiss et sont recouvertes par des alluvions et du terrain glaciaire dont l'éboulement continuel gêne beaucoup l'exploitation. Elles n'affleurent que sur quelques centaines de mètres et je n'ai observé à leur contact aucune roche éruptive. Mais en suivant au-delà du village la route d'Arnave à Cazenave, on constate au premier tournant qu'elle fait avant d'arriver au Château du Castelet que les gneiss supportent des calcaires jaunes qui, à la base sont caverneux et possèdent l'apparence de cargneules ; ces calcaires sont riches en paillettes de *leuchtenbergite*, en cristaux de *dipyre*, etc. ; ils renferment fréquemment des galets gneissiques. Ils plongent vers le sud-ouest et présentent toutes les associations de minéraux des carrières d'Arnave, mais il ne renferment pas de gypse. A environ 50 mètres au-dessus de la route, il sont recouverts par des calcaires en plaquettes, surmontés eux-mêmes par des calcaires blancs bréchiformes.

En suivant ces couches vers le nord-ouest et au-dessus d'Arnave le long du sentier conduisant à la chapelle St-Paul, on voit apparaître au milieu des assises métamorphisées une petite bosse d'*ophite* [1] au contact immédiat de laquelle se trouvent les mêmes calcaires à amphibole et leuchtenbergite que dans les carrières de gypse.

Les relations de ces calcaires et de l'ophite sont identiques à celles que j'ai constatées entre la lherzolite et les calcaires de Prades (fig. 1) et les calcaires d'Arnave doivent évidemment leurs minéraux à l'action de l'ophite. Les conclusions auxquelles je suis arrivé au sujet de la nature intrusive de la lherzolite peuvent sans peine être appliquées à l'ophite qui nous occupe. Le gisement du village d'Arnave se trouve malheusement au niveau de la vallée, il est en partie recouvert par des alluvions, et les érosions n'ont pas suffisamment décapé les couches modifiées pour que leur contact avec la roche éruptive soit mis à découvert, comme à la chapelle St-Paul.

Les roches métamorphisées sont assez variées, alternant ensemble. On y trouve d'abord des *calcaires, anhydrites* et *gypses* [2] ne renfermant que de la pyrite comme élément étranger, puis des roches du même genre riches en minéraux métamorphiques variés et enfin, mais plus rarement, des schistes entièrement silicatés résultant de la transformation d'argiles ou de schistes argilo-calcaires.

a. *Schistes micacés à amphibole et dipyre.*

L'une des roches métamorphiques les plus caractéristiques d'Arnave est de couleur foncée, peu ou pas fissile. A l'œil nu, on y distingue de grands prismes d'*actinote* d'un vert foncé, des aiguilles blanches de *dipyre* et de la *pyrite* disséminées dans un fond noir à apparence terreuse. Ces roches se désagrègent facilement à l'air, donnant alors naissance à une boue noire et glissante.

L'examen microscopique montre que le fond noir de la roche est constitué par des paillettes microcristallines de *mica* parfois associées à un peu de *calcite* finement grenue ; quand la proportion de calcite est grande, la roche passe aux calcaires à actinote.

Au milieu de ce mica, se montre en plus ou moins grande abondance les grands cristaux d'*actinote* et de *dipyre* que l'examen macroscopique avait déjà fait distinguer. Ils sont généralement riches en inclusions de paillettes de mica, surtout abondantes dans le dipyre. Les grands cristaux sont souvent creusés de cavités inégales que remplit le ciment micacé. Ils sont parfois accompagnés par

[1] Dans l'ophite, j'ai recueilli de fort beaux échantillons de *préhnite verte* mamelonnée.
[2] C'est ce gypse qui est exploité.

l'*albite*, formant alors de petits paquets cristallins qui viennent s'appliquer sur les grands cristaux porphyroïdes. Parfois au milieu de la pâte de biotite microcristalline, on voit ce mica s'isoler en lamelles plus grosses, généralement verdies par des actions secondaires.

Quelques échantillons sont très riches en *rutile* dont les gros grains se transforment progressivement en *sphène*. On voit aussi parfois apparaître de la *leuchtenbergite*. Quant à la pyrite, elle est de formation postérieure à tous les silicates.

Ces schistes micacés totalement dépourvus de calcite alternent en lits minces avec des roches ayant la même composition, mais dont tous les éléments sont dilués dans de la calcite et prennent alors tous des formes géométriques.

Sur les surfaces exposées à l'air, la calcite se dissout, laissant en liberté une poudre jaune et verte formée par de la biotite et de petites aiguilles d'amphibole.

Dans un échantillon, j'ai trouvé un nodule entièrement formé de lamelles d'albite, aplaties suivant g^1 (010), enchevêtrées les unes dans les autres et accompagnées d'un peu d'amphibole verte, de biotite et de leuchtenbergite. Cette roche est très analogue aux nodules micacés des calcaires du Moun caou.

Il est fort remarquable de constater dans ce gisement la localisation de la *tourmaline* ; tandis que en effet dans les gisements qui seront décrits plus loin, la tourmaline abonde en cristaux microscopiques au milieu des schistes micacés de type analogue à celui qui vient d'être décrit, à Arnave au contraire ce même minéral ne se rencontre jamais dans les schistes mais est fréquent en grands cristaux dans des roches spéciales qui vont être étudiées.

b. *Calcaires à minéraux.*

α. *Calcaires et gypses à amphibole.*— On a vu plus haut que les schistes micacés à dipyre passent aux calcaires par enrichissement en calcite.

Les calcaires de ce type ne se distinguent guère à l'œil nu des schistes micacés; les grands cristaux d'actinote et de dipyre sont généralement très abondants, disposés en palmes ou enchevêtrés les uns dans les autres ; ils sont d'ordinaire riches en pyrite et non rubanés.

On trouve aussi des calcaires et des gypses à amphibole qui sont parfaitement rubanés, le mica y est rare ou absent. Sur les surfaces gypseuses exposées à l'air, les cristaux d'amphibole font saillie et se détachent aisément de leur gangue.

En 1890, il y avait encore dans la carrière la plus occidentale un gros banc de gypse à amphibole, très riche en pyrite, d'où j'ai pu extraire un grand nombre de cristaux d'amphibole ; il a été détruit depuis par un éboulement.

L'examen microscopique de ces gypses ne présente rien de particulier, le gypse est allongé suivant l'axe vertical et fréquemment maclé suivant h^1(100).

β. *Calcaires et gypses à clinochlore.* — Les calcaires et les gypses à amphibole sont fréquemment associés à des bancs dans lesquels l'amphibole est remplacée par des lamelles hexagonales vert foncé de *clinochlore*. Ce minéral se distingue de la biotite verte par sa parfaite transparence, sa biréfringence d'environ

$0,010(n_g - n_p)$ et le signe positif de sa bissectrice aiguë. L'angle des axes optiques est presque nul.

Les calcaires à clinochlore sont blanc jaunâtre, pyriteux, dolomitiques et souvent caverneux.

γ. *Calcaires à dipyre*. — Ces calcaires sont surtout très abondants sur la route de Cazenave ; ils sont jaunes, finement grenus, possédant souvent l'aspect d'une cargneule ; le *dipyre* y forme les plus grands cristaux de ce minéral que j'ai observés dans les Pyrénées, ils atteignent 6 cm. de longeur sur 1 cm. de largueur. Ils sont blancs et fréquemment imprégnés de *calcite* ou de *leuchtenbergite*, et quelquefois accompagnés de longues aiguilles d'*actinote*.

Des calcaires cristallins d'un blanc rosé des carrières d'Arnave m'ont fourni de très jolis petits cristaux de *dipyre* blanc verdâtre.

Au microscope, on constate que le dipyre est toujours criblé de paillettes microscopiques de *biotite*, d'inclusions de *mica*. On observe aussi très souvent des paillettes de mica, de petits cristaux d'*albite* (accolés au dipyre) qui avaient échappé à l'examen macroscopique

Je n'ai que rarement rencontré des blocs gypsifiés de ces roches.

δ. *Calcaires à albite*. – L'*albite* est très répandue dans beaucoup de calcaires d'Arnave, elle n'y forme généralement que de petits cristaux d'environ 0 mm. 5. Cependant dans la dernière carrière, j'ai cette année trouvé en abondance une dolomie sableuse blanche dont les petits grains sont cimentés par de la calcite : elle renferme de très jolis cristaux blancs d'*albite* offrant les mêmes formes qu'au Moun caou et atteignant 6 mm. de plus grande dimension. Ils sont soit seuls, soit associés à de grands prismes de *dipyre*, de *quartz*, à des rosettes hexagonales de *leuchtenbergite* et à des cristaux de pyrite [$^{1}/^{2}\, b^2$ (210) dominante].

Dans les blocs exposés à l'air, le ciment de calcite qui réunit les grains de dolomie est dissous par les pluies, la dolomie s'égrène alors et les minéraux qui viennent d'être énumérés apparaissent entièrement dégagés. Les prismes de dipyre sont creusés de profonds sillons et de cavités irrégulières qui permettent de comprendre les formes bizarres qu'ils prennent dans les lames minces.

Dans des échantillons plus riches en calcite qu'en dolomie et par suite plus compactes, l'albite est très abondante et associée à une grande quantité de grains ou d'aiguilles de *rutile* qui se trouvent en inclusions dans la calcite, l'*albite* et la *leuchtenbergite*, elle aussi très abondante. Cette chlorite est parfois remplacée par du mica chloritisé.

Enfin quelques échantillons sont tellement riches en albite que la calcite disparaît complètement ; on voit alors apparaître du mica jaune clair. La roche entièrement silicatée possède la structure des nodules à albite dont il a été question plus haut, ainsi que celle de la roche du Moun caou représentée par la figure 19. Elle est riche en rutile.

ε. *Calcaires à albite et tourmaline*. — Ces calcaires sont compactes, très tenaces ; ils renferment des cristaux de *tourmaline* brun noir atteignant 1 cm ; ils sont beaucoup moins nets que ceux des roches qui vont être décrites plus loin.

Au microscope, on constate qu'en outre de la tourmaline et des minéraux contenus dans les calcaires précédents, ils renferment souvent de grands cristaux de *dipyre* et un *mica blanc* à deux axes presque réunis, formant des lames froissées ; le *rutile* est aussi très abondant.

La tourmaline englobe l'albite et le dipyre et paraît être le dernier minéral formé ; elle se présente soit en cristaux nets, soit en grandes plages déchiquetées. Dans un échantillon, j'ai observé un peu d'*épidote* englobée par l'albite.

Dans ces calcaires aussi bien que dans les précédents, on trouve souvent des rhomboèdres de dolomie, atteignant plusieurs millimètres et englobant un grand nombre de cristaux d'albite, avec lesquels ils constituent une sorte de structure ophitique.

c. *Anhydrites et gypses à tourmaline.*

L'*anhydrite* d'Arnave présente des faciès variés ; tantôt elle est à grandes lames violacées de plusieurs millimètres, tantôt elle possède une structure porphyroïde par suite de l'existence de grands cristaux violacés disséminés dans une pâte blanche grenue. L'examen microscopique montre que cette structure porphyroïde est due à des phénomènes d'écrasement qui ont produit aux dépens de la première variété d'anhydrite une roche à *structure en ciment* tout à fait comparable à celle des lherzolites.

Dans cette anhydrite, apparaissent des cristaux de pyrite généralement arrondis et déformés, des lamelles de *phlogopite* d'un blond clair et enfin de la *tourmaline*. Ces divers minéraux sont le plus souvent localisés dans des lits ou dans des nodules spéciaux. Il se passe pour eux un fait analogue à celui que j'ai signalé pour l'albite qui tantôt est également répartie dans le calcaire et tantôt, au contraire, forme des nodules dépourvus de calcite.

Au milieu de l'anhydrite grenue, j'ai trouvé des nodules atteignant la grosseur de la tête et constitués par de l'anhydrite en grands éléments d'où j'ai pu détacher des solides de clivage transparents et d'un beau violet clair ayant 3 cm. de côté. Ces lames présentent souvent la macle suivant a^1 (101) dans laquelle les faces p (001) des deux individus composants forment un angle d'environ 97°.

Il est facile de vérifier sur cette anhydrite toutes les propriétés qui permettent de la reconnaître en lames minces : clivages p (001), g^1 (010), h^1 (100) faciles ; plan des axes optiques parallèle à g^1 (010) ; bissectrice aigue positive perpendiculaire à h^1 (100), 2E (jaune) = 70°.

La biréfringence maximum ($n_g - n_p = 0,043$), est très caractéristique de ce minéral qui, dans les lames minces, ne se distingue pas par ses brillantes couleurs de polarisation de la phlogopite incolore qui l'accompagne.

On constate en outre de la macle suivant a^1 (101) une macle polysynthétique suivant e^2 (012). Ces deux macles présentent toutes les apparences des macles de l'albite et de la péricline des feldspaths tricliniques. L'illusion augmente dans les sections h^1 (100) perpendiculaires à la bissectrice aiguë ; dont la biréfringence ($n_m - n_p) = 0,006$ se rapproche de celle de ces minéraux, mais la réfringence de l'anhydrite ($n_m = 1.576$) est plus grande que celle de l'*albite* (1.534) que l'on trouve aussi parfois englobée dans l'anhydrite.

La *tourmaline* forme des cristaux très nets, dépassant souvent 2 mm. ; ils sont souvent aplatis suivant la base et présentent les faces $d^1 (11\bar{2}0)$, $e^2 (10\bar{1}0)$, $h (41\bar{5}0)$; l'un des sommets est constitué par $p (10\bar{1}1)$ avec ou sans $e^1 (0\bar{2}21)$, l'autre par $a^1 (0001)$ très développée avec $p (10\bar{1}1)$ et parfois $b^1 (01\bar{1}2)$.

Ces cristaux varient, comme couleur, du brun foncé au jaune clair, ils appartiennent à la variété magnésienne. Ils sont parfois excessivement petits, formant dans l'anhydrite une poussière cristalline.

Ils paraissent en relief sur les surfaces exposées à l'air de même que le mica qui les accompagne ; dans ces conditions l'anhydrite se transforme bientôt en *gypse* et les cristaux alors peuvent être facilement détachés de leur gangue, ce qui était difficile avant l'hydratation de la roche.

En 1891. j'ai trouvé dans le gypse un banc mince de quelques centimètres d'épaisseur constitué par une roche jaune s'écrasant sous la pression du doigt. L'examen au microscope de la poudre, débarrassée du gypse par l'eau, m'a montré qu'elle était entièrement formée par de petits cristaux de tourmaline ayant moins de 0 mm. 20. associés à de petites aiguilles d'actinote. Ces cristaux microscopiques ont la même forme que les gros.

Les nodules très silicatés dont j'ai parlé plus haut sont exclusivement formés de cristaux de tourmaline et de mica incolore, de leuchtenbergite, d'albite englobés par un peu d'anhydrite et de calcite. Ils restent en relief sur les surfaces gypsifiées.

La gypsification de l'anhydrite se fait par les procédés ordinaires, l'anhydrite est peu à peu remplacée par de grandes plages de gypse. Dans les plaques minces, on voit souvent un cristal de gypse un peu fibreux englobant des débris d'anhydrite et rappelant comme disposition les transformations de l'enstatite en bastite.

§. II. — ARIGNAC.

Les carrières de gypse d'Arignac. au nord-ouest d'Arnave sur la rive gauche de l'Ariège, se présentent dans des conditions géologiques identiques à celles du gisement précédent. On y observe des phénomènes métamorphiques du même ordre ; je n'en ai pas fait une étude détaillée. mais j'y ai notamment recueilli des *calcaires* et des *gypses à dipyre*, à *actinote*, à *leuchtenbergite*, à *phlogopite* et à *pyrite*.

§ III. — VALLÉE D'AULUS

Les calcaires à dipyre du port de Saleix se prolongent sur le versant ouest du port de Saleix et peuvent être suivis jusqu'à l'extrémité de la feuille de Foix ; à la sortie d'Aulus notamment, le *dipyre* et surtout la *trémolite*, abondent dans les calcaires blancs.

Sur cette étendue de près de 8 kilomètres, on voit plusieurs pointements *d'ophite* dipyrisée, mais comme sur le versant nord de cette chaîne calcaire s'étalent les grands *massifs de lherzolite* des ravins du Bastard et de l'étang de Lherz, il n'est guère possible de faire la part de l'action de l'ophite et de la lherzolite puisque les lherzolites comme les ophites développent le même minéral (dipyre) dans les calcaires qu'ils métamorphisent.

§ IV. — SEIX

Le dipyre (cristaux noirs et blancs) abonde dans les calcaires jurassiques au voisinage de l'ophite qui se trouve entre Seix et Sentenac. C'est aux environs de Seix, à environ à 2 km. au sud de ce village et au-dessus du chemin qui conduit au pont de la Taule que J. de Charpentier a trouvé pour la première fois le *dipyre* noir[1] qu'il prit pour une espèce spéciale et décrivit sous le nom de *couzeranite*[2].

Le même savant a signalé en outre ce minéral entre Aulus et Seix au pic de Géoux (picou de Geu) et au col de la Trappe, que je n'ai pas visités. M. de Cloizeaux m'a dit avoir contrôlé l'observation de J. de Charpentier en ce qui concerne le pic de Géoux.

FEUILLE DE BAGNÈRES

§ I. — ENVIRONS D'ENGOMMER

Les environs d'Engommer, sur le bord du Lez, entre Saint-Girons et Castillon ont été signalés depuis longtemps par J. de Charpentier comme riches en cristaux de dipyre (forge d'Engommer sur la rive droite du Lez, Loutrein ou Lottringen, Roque d'Engommer).

Cette région est riche en pointements ophitiques. Les sédiments modifiés constituent des alternances de calcaires et de schistes argilo-calcaires rapportés par M. Caralp au lias inférieur. Ce savant les signale[3] en outre à Cescau, près Castillon et dans la vallée de Bethmale à Ourjout, Aulignac en Bordes sur Lez.

Je n'ai, personnellement, visité que les environs d'Engommer, les roches que j'ai étudiées proviennent soit de mes récoltes, soit de celles de M. des Cloizeaux ou de la collection du Muséum.

---

[1] M. des Cloizeaux a trouvé de l'orthose en petits cristaux noirs dans ces calcaires à dipyre. Ils rappellent ceux de St-Béat.

[2] *Op. cit.* 226.

[3] *Étude géologique sur les hauts massifs des Pyrénées centrales*, p. 279, 1888. Voir aussi Gourdon, *Bull. Soc. Ramond*, 1883, 156.

a. *Calcaires à dipyre.*

Dans les calcaires de Loutrein, de très gros cristaux de dipyre souvent calcifiés sont associés à des aiguilles d'actinote, des cristaux de pyrite et de sphène brunâtre (Des Cloizeaux)[1]. Le dipyre est d'une façon générale abondant dans les calcaires liasiques des environs d'Engommer.

b. *Schistes micacés à dipyre.*

Les échantillons de schistes que j'ai étudiés proviennent de Loutrein ; ce sont des roches d'un blanc grisâtre, très analogues à celles que J. de Charpentier a signalées près de la forge d'Engommer; de même que les roches similaires de Libarrenx qui seront décrites plus loin, elles ne constituent pas des schistes argileux comme le croyait J. de Charpentier, mais des schistes micacés entièrement cristallins.

M. de Cloizeaux m'a remis un échantillon qu'il a recueilli en 1859 à la forge d'Engommer. Il est semblable aux roches de Loutrein, le quartz y est plus abondant, et souvent inclus dans les grands cristaux de dipyre.

Au microscope, on constate que les grands cristaux de dipyre, déjà visibles à l'œil nu, arrondis en grains d'orge ou bien constitués au point de vue géométrique sont moulés par un ciment de petites paillettes d'un mica à un axe, à peu près incolore, associé à un peu de quartz. Le mica et surtout les cristaux de dipyre sont remplis d'une très grande quantité de fines aiguilles de *rutile*.

Le dipyre est souvent épigénisé par de la calcite.

La structure de ces schistes est très analogue à celle de quelques-unes des roches de contact de Lordat et du Tuc d'Ess : leur ciment micacé y est à éléments beaucoup plus petits.

§ II. — SAINT-LARY ET PORTET

Aux alentours de l'*ophite* de Portet d'Aspet, les calcaires jurassiques sont souvent marmorisés et riches en *dipyre*, parfois associés à de la *trémolite*, du *mica*. On voit notamment ces minéraux sur la route entre Saint-Lary (Ariège) et Portet (Haute-Garonne), entre ce dernier village et le col du même nom, ainsi qu'entre Portet et le col de Balagué, etc. Ces gisements ont été déjà cités par J. de Charpentier et Leymerie. Je n'ai fait que traverser cette région en allant de Castillon au Tuc d'Ess et n'ai pu, par suite, étudier le contact immédiat des ophites et de ces calcaires à dipyre.

[1] *Manuel de minéralogie*, I, 233, 1862.

§ III. — CAZAUNOUS

Leymerie a signalé l'abondance du dipyre dans les calcaires liasiques en contact avec l'ophite de Cazaunous. J'ai parlé, page 83, de l'*ophite* située sur la rive droite du Jop, à peu de distance du marbre liasique d'Arguénos et de l'incertitude où l'on se trouve pour attribuer à l'action de l'ophite ou à celle de la lherzolite la marmorisation des calcaires qui renferment par places du dipyre.

§ IV. — LEZ ET BOUTX

La route de Saint-Béat à Boutx (Haute-Garonne) entaille l'ophite sur laquelle est construite la tour de Lez. Cette *ophite* est remarquable par l'intensité de sa dipyrisation superficielle, accompagnée de formation de nombreuses zéolites bien cristallisées (*chabasie, stilbite*).

Peu après avoir dépassé l'affleurement ophitique, on trouve dans le talus gauche de la route une série de grès et de cornéennes tachetés, ainsi que des calcaires métamorphiques remarquablement identiques à ceux qui ont été décrits à de nombreuses reprises dans ce mémoire. Des roches métamorphiques se rencontrent en abondance au-dessus de la route et jusqu'au village de Boutx.

D'après les cartes de Leymerie et de M. Caralp, les roches qui m'occupent ici appartiennent au trias et au lias inférieur. Lorsque j'ai traversé cette région, ne songeant pas encore à ce travail, je n'ai recueilli qu'un très petit nombre d'échantillons que je vais décrire sommairement en y ajoutant ceux que je dois à l'obligeance de M. Maurice Gourdon.

Le contact de l'ophite et des roches métamorphiques peut se voir assez facilement près de la tour de Lez et l'étude minutieuse de ce gisement au point de vue qui m'occupe ici, fournira certainement des faits très intéressants et une grande variété de roches métamorphiques. La description de quelques-unes d'entre elles montre qu'elles appartiennent aux mêmes types que celles des autres gisements étudiés dans ce chapitre.

a. *Calcaires à minéraux.*

Ces calcaires sont très variés. Quelques-uns d'entre eux sont riches en *actinote* qui devient parfois assez abondante pour former des amphibolites presque dépourvues de calcite ; ces roches sont généralement riches en *sphène*.

Dans d'autres calcaires, on trouve du *dipyre*, de l'*amphibole*, du *sphène*, un *pyroxène* jaune clair à plans de séparation suivant h^1 (100). Ces minéraux deviennent si abondants dans quelques échantillons, que la calcite disparait, donnant des roches à très grands éléments, essentiellement formées de *pyroxène* blanc jaunâtre, à plans de séparation et macles suivant h^1 (100), et de *dipyre* blanc tacheté de noir. Sur les surfaces exposées à l'air, ces roches présentent des vides miarolitiques dus à la dissolution de la petite quantité de calcite qui moulait ces minéraux enchevêtrés ; dans les cavités, ceux-ci prennent parfois des formes nettes. Grâce à leurs cassures et à leurs torsions, on peut alors se rendre compte des phénomènes d'écrasement qu'ont subis les roches qui les renferment.

b. *Cornéennes et grès métamorphiques.*

Les grès métamorphiques sont parfois à assez grands éléments. Les grains de quartz moulés par de la matière charbonneuse entourent des plages allongées ou globuleuses de *dipyre* un peu fibreux. Ces roches sont riches en *sphène*.

Dans des échantillons offrant l'aspect d'une cornéenne tachetée, le fond de la roche est formée par du *quartz* en grains très fins et par beaucoup de matière charbonneuse ; des globules pœcilitiques de *dipyre* et parfois d'*amphibole* incolore en lames minces s'observent en abondance ; ils ont rarement plus d'un millimètre de diamètre. C'est eux qui donnent à la roche son aspect tacheté ; celle-ci renferme encore du *sphène* et contient un peu de calcite qui moule le quartz et concentre le pigment charbonneux. Ces roches sont souvent traversées par des filonnets de plusieurs centimètres d'épaisseur constitués par du *dipyre* gris noir et du diopside blanc jaunâtre. La roche présente une structure miarolitique. La couleur gris noir du dipyre est due à des inclusions charbonneuses. Le pyroxène est en partie épigénisé en *trémolite*.

§ V. — GER DE BOUTX

La vallée de Lez aboutit au col de Menté, qui se trouve sur une ophite se développant largement à l'est, du côté de Coulédoux. Dans cette direction, au Ger de Boutx, Leymerie[1] a signalé des calcaires à dipyre que je n'ai pas eu l'occasion de visiter.

§ VI. — SAINT-BÉAT

Les assises métamorphiques qui viennent d'être décrites forment la base des calcaires cristallins de Saint-Béat (Haute-Garonne).

Dans ces derniers, on rencontre de très nombreux minéraux métamorphiques inégalement répartis dans le massif. Dans les calcaires du Cap de Mont, auquel est adossé le village de Saint-Béat, on trouve du *dipyre* en gros cristaux hyalins atteignant plusieurs centimètres de longueur, de la *trémolite*, de petits cristaux noirs *p* (001) *m* (110) d'*orthose* (dans calcaire noir), de l'*albite* (cristaux blancs

---

[1] *Op. cit.*, p. 451.

offrant les mêmes formes que ceux du Moun Caou), de nombreux cristaux de *pyrite*, plus rarement de la *tourmaline* chromifère. Dans la carrière de Rié on trouve encore du *dipyre* [jolis petits cristaux m (110), a^1 (101)], des cristaux de *tourmaline* chromifère, de la *phlogopite*, un *mica chromifère* (fuchsite), du *quartz*, de l'*apatite*, de la *pyrite*, de la *fluorine* violette [1], etc.

L'*apatite*, la *fuchsite*, l'*albite*, la *fluorine* se réunissent pour former au milieu du calcaire blanc des masses finement grenues vertes, bordées de violet que l'on trouve dans beaucoup de collections de minéralogie sous les noms les plus fantaisistes. Elles renferment parfois, en outre, comme élément microscopique, de l'apatite, du rutile, de la pyrite, du quartz. La coloration verte est due à la fuchsite, la coloration violette à la fluorine. Ce minéral est le dernier formé les minéraux qu'il englobe (calcite, albite, etc.) présentent toujours des formes remarquablement nettes qui ressortent bien, grâce à sa coloration d'un violet foncé en lames minces.

Les minéraux qui viennent d'être examinés sont précisément ceux qui ont été signalés dans tous les gisements métamorphiques décrits dans ce mémoire. Comme on rencontre la plupart d'entre eux dans les roches observées au contact immédiat de l'ophite de Lez que surmontent ces calcaires de Saint-Béat, il paraît logique d'admettre qu'ils ont une semblable origine, sans être obligé

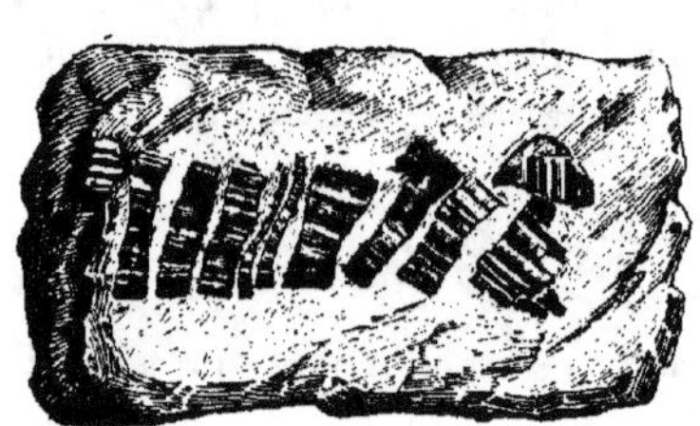

Fig. 20. — Cristal de tourmaline ayant subi des déformations mécaniques. — Marbre de Saint-Béat (*Minéralogie de la France*, p. 108).

d'admettre, comme l'a fait M. Caralp, qu'ils sont dus à un dynamométamorphisme contemporain des mouvements orogéniques qui ont modelé la région [2]. L'influence d'actions dynamiques est évidente sur toutes ces roches métamorphiques ; la figure 20, représentant un cristal de tourmaline des calcaires de la carrière de Rié, donne une idée de la façon dont elles se manifestent en déformant les minéraux préexistant et non en en formant de nouveaux.

En montrant dans l'Ariège l'existence fréquente de calcaires à dipyre dans la brèche du jurassique supérieur, j'ai fait voir qu'il fallait chercher autre part que dans les mouvements orogéniques l'origine des nombreux minéraux métamorphiques que j'ai eu l'occasion de décrire dans ce mémoire.

[1] Je ne parle pas du soufre qui est un produit drusique, associé à des cristaux de calcite.
[2] C. *Rendus*, C. R. XIV, 786, 892.

§ VII. — CIERP

M. Maurice Gourdon m'a remis plusieurs échantillons provenant de Cierp près de Marignac et faisant partie de la prolongation de la bande triasique de Lez. Ils ont exactement la même composition que ceux de Lez-Boutx, l'un, en effet, est un *calcaire à pyroxène, diallage et dipyre*, l'autre un grès métamorphique ne différant de celui qui a été décrit plus haut que par la nature de son amphibole qui est une *trémolite* et non une actinote et par l'abondance du *rutile*, accompagné de *pyrite*. Les grains de quartz sont réunis par un ciment calcaire peu abondant.

FEUILLE DE TARBES

§ I. — SERRE DE POUZAC D'AVANT

Le gisement de Pouzac est bien connu de tous les minéralogistes. La halte du chemin de fer qui précède la station de Bagnères de Bigorre est établie sur un pointement de syénite néphélinique dans lequel a été ouverte une petite carrière (sablière de Pouzac) au-dessus de la voie et à gauche.

Cette *syénite néphélinique* que j'ai antérieurement étudiée en détail [1] se trouve à quelques mètres seulement d'une *ophite* qui semble l'entourer. Les relations des deux roches ne sont pas très claires et bien que je croie la syénite néphélinique postérieure à l'ophite, je ne puis en donner la démonstration, le contact des deux roches n'étant pas à découvert.

Contre l'ophite vient s'appliquer une épaisse série de couches sédimentaires métamorphisées [2] qui peut être suivie vers le sud sur le chemin de Bagnères de Bigorre jusqu'à Monloo et sur près de 1200 mètres.

Depuis plus de 40 ans, ce gisement a été pour M. Ch. Frossard un sujet d'études de prédilection et il n'est pas un coin de ces 1200 mètres qu'il n'ait fouillé dans ses plus minutieux détails ; la longue liste des espèces minérales qu'il y a rencontrées a été publiée par lui en 1888 [3].

Je me contenterai d'indiquer très sommairement les résultats de ce travail en insistant sur les résultats de l'examen pétrographique d'un grand nombre d'échantillons qui m'ont été donnés par M. Frossard ou que j'ai recueillis dans des courses pour lesquelles il a bien voulu me servir de guide.

[1] *Bull. Soc. géol.*, 3e série XVIII, 511, 1890.

[2] Dans ma note sur la syénite néphélinique, j'ai indiqué l'âge de ces roches comme étant vraisemblablement crétacé, d'après l'opinion de M. Frossard. La comparaison de ces calcaires avec ceux des autres gisements décrits dans ce mémoire me force à plus de réserve et me porte à les considérer comme beaucoup plus anciens. L'étude stratigraphique de cette région est du reste encore à faire.

[3] *Bull. Soc. Ramond*, 1888. M. Zirkel a autrefois donné des détails intéressants sur quelques uns des minéraux de contact de l'ophite de Pouzac (*Zeitsch. d. d. geol. Gesell.*, XIX, 206, 1867).

a. *Calcaires à minéraux.*

Il existe une grande variété dans les calcaires à minéraux de ce gisement. Les uns sont blancs, parfaitement marmorisés, alors que d'autres jaunâtres présentent l'apparence d'une cargneule.

Des calcaires marmoréens, blancs parfois tachés de jaune, à *dipyre hyalin* associé à de l'*actinote*, parfois à de la *trémolite*, se rencontrent surtout au sud de la sablière de Pouzac et à proximité de la syénite néphélinique. En dissolvant le calcaire dans l'acide chlorhydrique, on constate qu'en outre de ces minéraux il existe de très petits cristaux de *pyrite* et de *mica phlogopite*.

M. Goldschmidt[1] a attribué la formation de ces minéraux à l'action de la syénite. J'ai vainement cherché à voir le contact immédiat de cette roche et de ces calcaires : il est recouvert par la végétation. Il me paraît donc nécessaire de faire des réserves à ce sujet ; si l'on arrive un jour à démontrer que ces calcaires doivent bien leur transformation à la syénite, cela prouvera que cette roche a agi de la même façon que l'ophite, ce qui, du reste, n'est pas improbable[2].

Les cristaux hyalins de dipyre présentent les faces m (110), h^1 (100) ; ils sont rarement terminés par les octaèdre a^1 (101) et b^1 (112).

Dans les calcaires jaunes, le dipyre est souvent épigénisé par de la *calcite*, du *quartz* et de la *leuchtenbergite* seuls ou associés.

Dans un bois de hêtres traversé par le chemin de Pouzac à Bagnères il existe des calcaires jaunes riches entre petits cristaux blancs d'*albite*, identiques comme forme et comme aspect à ceux du Moun caou[3] ; il sont soit seuls, soit associés à de la *leuchtenbergite* ou à du *quartz*. Sur la route de Palomières, ces cristaux sont noirs : ils atteignent 4 mm.

Ces calcaires renferment parfois du quartz, qui, dans certains échantillons, est si abondant que la roche pourrait presque être considérée comme un grès calcaire[4].

Tout ce quartz est néogène, formé par des cristaux raccourcis ou allongés suivant l'axe vertical ; ils sont généralement curieusement corrodés et souvent réduits à un véritable squelette cristallin dont les cavités sont remplies par de la calcite ; ils renferment de nombreuses inclusions de *calcite*, de *mica*, ainsi que des inclusions liquides à bulle mobile.

Un des échantillons que M. Frossard a recueilli près de la maison Amaré présente une particularité curieuse. Le *quartz* renferme de longues aiguilles d'*actinote* groupées en grand nombre plus ou moins parallèlement les unes aux autres ; souvent les deux extrémités d'une même gerbe de cristaux sont englobées par deux cristaux de quartz ayant une orientation différente.

[1] *N. Jahrb. Beil. Bd.*, I, 1880.
[2] Voir § II. p. 104.
[3] *Bull. soc. minér.*, XI. 70. 1888.
[4] Près de la maison Amaré, on trouve du quartz formant des masses caverneuses, poreuses et légères, qui paraissent être le produit de sources hydrothermales ; je n'ai pu le voir en place (V. Zirkel, *op. cit.*, 208).

Je ne cite que pour mémoire des calcaires jaunes rouges renfermant uniquement de petits cristaux noirs d'*oligiste* allongés suivant l'axe vertical et présentant les formes d^1 (11$\bar{2}$0), b^2 (11$\bar{2}$3), a^1 (0001), (Monloo) ou des octaèdres de *magnétite*, avec ou sans lamelles de *mica chloritisé*, de *mica* seul, etc.

Près la maison Amaré, se rencontrent des calcaires extrêmement riches en *dipyre* violacé [1] et en *actinote* verte. Ces minéraux sont parfois tellement abondants qu'en s'enchevêtrant, ils forment le squelette de la roche qui est remplie par de la calcite grenue, mélangée à de la *magnétite*, des paillettes de *biotite* et des cristaux de *tourmaline*. Quelques échantillons sont extraordinairement riches en tourmaline dont les petits prismes d'un violacé foncé se rencontrent en inclusions dans le dipyre et l'amphibole ; ces deux minéraux sont en outre piquetés de paillettes de biotite et de grains de magnétite. L'actinote est postérieure au dipyre.

b. *Schistes micacés à dipyre.*

La disparition de la calcite conduit à des schistes micacés, analogues à ceux de Loutrein. Le ciment micacé est d'ordinaire à éléments très fins ; la *tourmaline* s'y trouve en abondance variable ; fort souvent le *dipyre* ne forme pas de cristaux nets comme dans les calcaires, mais constitue des globules ovoïdes, rappelant la forme de grains d'orge. Il est riche en paillettes de mica et en tourmaline comme dans les roches précédentes ; ce sont ces inclusions qui lui donnent sa couleur violacée. Le dipyre est parfois épigénisé en calcite ou en quartz, mais les pseudomorphoses de ce genre sont plus fréquentes dans l'*amphibole* qui l'accompagne et dont on ne voit parfois plus que les formes caractéristiques, se détachant en blanc sur le fond jaunâtre du mica.

Les inclusions de tourmaline et de mica que renferme le minéral primordial n'ont pas disparu. Plus rarement, le dipyre se décompose en produits colloïdes ou en leuchtenbergite.

Enfin dans la pâte micacée, on voit parfois apparaître de gros rhomboèdres de *dolomie*, de *l'épidote*. La pyrite n'est pas rare en gros cristaux.

C'est à des schistes micacés de ce genre, pauvres en grands cristaux, que doivent être rapportées les roches talqueuses signalées par M. Frossard, particulièrement dans le talus de la route de Pouzac à Bagnères, au dessous du château de l'Angle. Le minéral micacé n'est pas du *talc* mais une *phlogopite* incolore, à peu près dépourvue de fer. Elle est sensiblement à un axe, son signe optique est négatif, ce qui permet facilement de la distinguer de la *leuchtenbergite* qui présente les mêmes caractères extérieurs mais qui en outre est beaucoup moins biréfringente. Cette phlogopite est identique à celle du Moun caou.

[1] Cette variété de dipyre a été jusqu'à présent décrite sous le nom de *conservanite*. L'examen microscopique montrant que d'une part le dipyre est souvent altéré en produits divers, et que d'une autre il est toujours riche en inclusions des plus variées, permet de comprendre pourquoi les analyses qui en ont été faites s'éloignent tant de celles du dipyre hyalin. Ces différences de composition étant toutes d'ordre extrinsèque, le nom de conservanite doit disparaître de la nomenclature minéralogique. (*Voir la note 1 de la page 112*).

Les schistes qui viennent d'être décrits sont le résultat de la transformation de lits argileux intercalés dans les calcaires. Tous leurs éléments sont souvent ponctuées de matières charbonneuses.

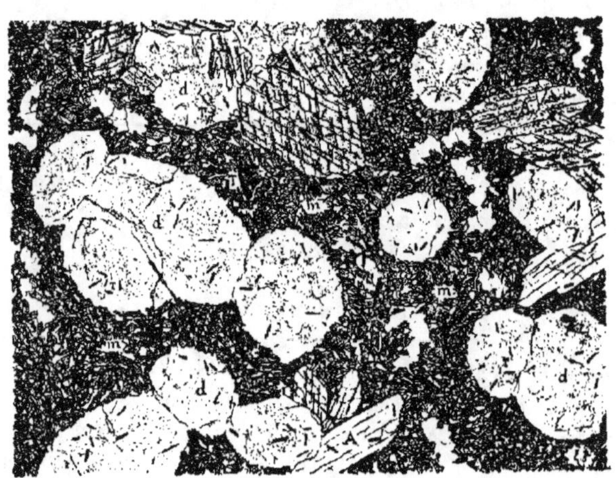

Fig. 21. — Schiste micacé à dipyre et amphibole de Pouzac.
Globules de dipyre (*d*), actinote (A) renfermant des paillettes de biotite et des aiguilles de tourmaline, englobés dans de la biotite (*m*), de la tourmaline et de la calcite (*Lumière naturelle*).

§ II. — GERDE ET ASTÉ.

Sur la rive droite de l'Adour, en amont de Bagnères-de-Bigorre, il existe des *calcaires à dipyre* à Gerde et à Asté. Les cristaux de Gerde se trouvent en très grande quantité sous forme de longs prismes quadratiques dans un calcaire grenu jaunâtre ; ils sont presque totalement transformés en calcite. Des schistes micacés à dipyre se rencontrent également dans ce gisement à proximité de roches éruptives très altérées, dont une partie doit peut-être être rattachée à la famille des *syénites*.

Il n'est pas sans intérêt de faire remarquer qu'Asté se trouve à 1 km. seulement à l'est de Médoux, où il existe des traces d'une brèche lherzolitique indiquant l'existence en profondeur d'un massif de lherzolite. Nous trouvons donc ici la contre-partie de ce que j'ai observé dans la vallée de Suc où quelques massifs apparents de lherzolite sont accompagnés de très petits pointements ophitiques.

§ III. — ARGELÈS DEBAT.

M. Frossard a trouvé à Argelès Debat, dans le lit du Sus, petit affluent de l'Arros, des roches analogues à celles de Gerde et formées dans de semblables conditions au contact d'une ophite. Les schistes micacés que m'a remis M. Frossard ne sont pas entièrement dépourvus de calcite ; dans les roches de passage aux calcaires, le mica forme des paillettes à contours nets, d'un jaune très pâle. Le quartz est assez abondant, formant parfois des filonnets microscopiques qui traversent les roches ou épigénisent le dipyre.

§ IV. — OSSUN.

M. Frossard a cité l'existence du dipyre flabelliforme, en partie transformé en chlorite, dans une marne grise d'Ossun (route de Pontacq). L'échantillon que je dois à l'obligeance de ce savant est formé par un calcaire cryptocristallin, ne contenant pas de dipyre, mais renfermant de petites paillettes incolores de mica et des cristaux de quartz, très riches en inclusions micacées.

§ V. — LYS.

J'ai donné dans ma *Minéralogie de la France* [1] l'historique de la découverte de fort beaux cristaux de *tourmaline* dans le gypse des carrières de Lys (Basses-Pyrénées). Je me suis rendu dans ce gisement mais je n'ai pas pu voir malheureusement ce minéral en place, la carrière d'où il a été tiré étant inondée depuis longtemps. J'ai eu cependant en mains de très nombreux échantillons qui m'ont été communiqués par MM. des Cloizeaux, Frossard, de Limur, de Gramont et Gourdon.

La roche éruptive de Lys est une *ophite* extrêmement altérée.

Les échantillons que j'ai examinés ne constituent évidemment que des roches exceptionnelles du gisement, car ils ont été exclusivement recueillis à cause de la tourmaline ; ils offrent cependant assez de ressemblance avec quelques-unes des roches d'Arnave pour qu'on puisse assurer que leurs conditions de gisement sont les mêmes.

a. *Gypses à minéraux.*

Dans beaucoup d'échantillons, on ne distingue à l'œil nu que des cristaux bruns de *tourmaline* dont les plus gros atteignent 3 cm. de longueur sur 1 cm. 5 de hauteur. Ils sont englobés par de belles lames transparentes de *gypse* et peuvent alors être facilement isolés.

Le plus souvent ces cristaux forment des nids au milieu d'une roche très tenace dans laquelle à l'œil nu on ne distingue en outre de la tourmaline que des lamelles blanches de *leuchtenbergite*, du *gypse*, un peu de *dolomie*, de *pyrite*, de *rutile*. L'examen microscopique fait voir que leur composition est plus complexe.

<hr>

[1] *Minéralogie de la France*. Paris. Baudry. I. 105. 1893.

Les cristaux de tourmaline de ce gisement sont fort remarquables par leur richesse en faces dont plusieurs ont été trouvées par M. des Cloizeaux sur ces cristaux seulement.

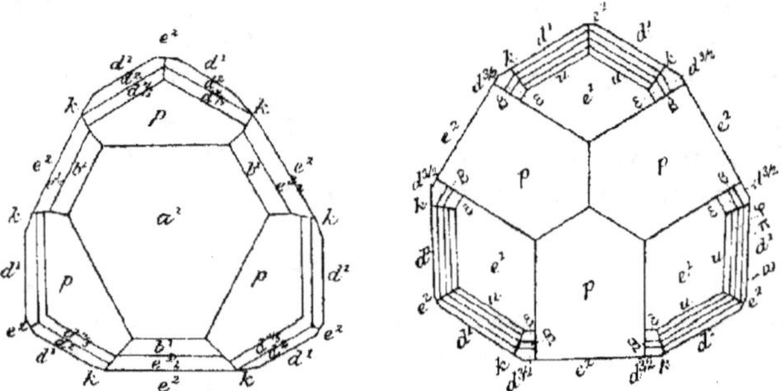

Fig. 22.   Fig. 23.

Projections sur la base des formes de la tourmaline de Lys ; pôle analogue (fig. 22), pôle antilogue (fig. 23).

Les cristaux les plus simples présentent d'ordinaire à l'une de leurs extrémités $p\,(10\overline{1}1)$, $a^1\,(0001)$, à l'autre $p\,(1\overline{0}11)$, $e^1\,(02\overline{2}1)$ avec ou sans $d^{3/2}\,(32\overline{5}1)$; plus rarement on observe les formes $d^2\,(213\overline{1})$, $d^{1/5}\,(11.5.\overline{16}.6)$, $b^1\,(01\overline{1}2)$, $e^{3/2}\,(05\overline{5}1)$ $s = (d^{1/5}\,d^{1/2}\,b^{1/4})\,(12\overline{3}1)$, $= \beta\,(d^{1/4}\,d^1\,b^{1/3})\,(34\overline{7}2)$, $u = e_{5/8}\,(3.13.\overline{16}.5)$, $\varphi = e_{2/5}\,(3.7.\overline{10}.2)$ $\pi = e_{1/4}\,(35\overline{8}1)$, $u = e_{2/7}\,(7.11.\overline{18}.2)$. Les figures 22 et 23 extraites de ma *Minéralogie de la France* indiquent la position de toutes ces faces aux extrémités du cristal. Dans la zone verticale, $e^2\,(10\overline{1}0)$ et $d^1\,(11\overline{2}0)$ sont souvent accompagnés de $k = (b^{1/3}\,d^1\,d^{1/2})\,(41\overline{5}0)$. Quelquefois allongés suivant l'axe vertical, ces cristaux sont le plus souvent raccourcis dans cette direction et quelquefois tout à fait aplatis parallèlement à a^1. Ils sont fréquemment creusés de profondes cavités.

Cette tourmaline appartient au type magnésien. Son pléochroïsme est intense dans les teintes suivantes :

$$n_g = \text{brun jaune foncé.}$$
$$n_p = \text{jaune pâle ou même incolore.}$$

Les cristaux de *rutile* sont allongés suivant l'axe vertical et présentent les faces $m\,(110)$, $h^1\,(100)$, $a^1\,(101)$, $b^1\,(112)$; les macles suivant b^1 sont fréquentes.

Les silicates forment généralement la trame de la roche et en dissolvant le gypse par un courant d'eau, on obtient une masse caverneuse dont tous les éléments peuvent être facilement décélés à l'œil nu.

L'étude microscopique montre que la composition est plus complexe que ne le faisait supposer un premier examen à l'œil nu. Un échantillon que j'ai étudié renferme de nombreux cristaux de *rutile* souvent cerclés de *sphène* secondaire, de larges lames de *leuchtenbergite*, des rhomboèdres nets de *dolomie*, des prismes de *dipyre* et des cristaux de *quartz* englobés dans de larges plages de *gypse*. Par places, on rencontre en outre de grands cristaux de *tourmaline*. Le quartz affecte les mêmes formes que celui de Pouzac, les sections perpendiculaires à l'axe vertical ressemblent à s'y méprendre par leur forme à celles des grands cristaux corrodés de quartz des porphyres quartzifères.

Le dipyre est presque entièrement transformé en produits micacés ; de même que le *rutile* et la *leuchtenbergite*, il est englobé par le quartz.

Un autre échantillon est plus complexe encore ; il est riche en *mica* jaune pâle à deux axes presque réunis, englobé par de grands cristaux de *leuchtenbergite* ; le quartz est remplacé par de l'*albite* en plages maclées suivant la loi de l'albite ; des cristaux d'*apatite*, des aiguilles et des fibres de *trémolite* : enfin du *rutile*, de la *tourmaline* et de la *pyrite* complètent la roche que consolide du *gypse*.

b. *Calcaires à minéraux*.

Des calcaires à minéraux existent aussi dans ce gisement. J'ai vu notamment des échantillons renfermant des octaèdres de *magnétite*, de l'*amphibole*, du *mica*.

Les rares blocs d'ophite que l'on recueille à Lys sont extrêmement altérés, leurs fissures sont tapissées de cristaux jaune de miel de *sphène* et de *grossulaire*, de cristaux de *quartz* à formes cristallitiques et à faces souvent évidées, de rhomboèdres basés très lamelleux d'*oligiste* et enfin des cristaux de *dolomie* ferrifère. On peut voir dans cette formation filonienne de minéraux secondaires au milieu de la roche éruptive un phénomène endomorphe du même ordre que celui que j'ai signalé à plusieurs reprises dans la lherzolite.

FEUILLE DE MAULÉON

§ I. — LIBARRENX

Ce gisement est célèbre, car c'est là qu'en 1786 Gillet de Laumont et Lelièvre ont découvert le dipyre. Il se trouve à 2 kilomètres au sud de Mauléon (Basses-Pyrénées), un peu en aval du moulin de Libarrenx (Com. de Gotein-Libarrenx). Je ne l'ai pas visité, mais j'ai étudié de nombreux échantillons en provenant ; je les dois en partie à la bienveillance de M. des Cloizeaux, les autres font partie de la collection de Gillet de Laumont, acquise en 1835 par le *Muséum d'histoire naturelle*. A proximité d'une ophite, le dipyre se rencontre dans diverses roches faisant partie d'une série argiloschiteuse traversée par le Saison ; la zone métamorphisée est actuellement noyée par le gave. On peut distinguer dans ce gisement des calcaires à dipyre et des schistes micacés.

---

[1] Ce dipyre est connu sous le nom de *dipyre de Libarens* ou de Mauléon ; la *leuchtenbergite* du même gisement, analysée par Delesse, est aussi appelée quelquefois *chlorite de Mauléon* ou *mauléonite*.

[2] Des Cloizeaux, *Manuel de minéralogie*, I, 232, 1862. Ch. Frossard, *Bull. Soc. Ramond* XXVII, 1892.

a. *Calcaires à dipyre*

Ces calcaires jaunes se trouvent dans toutes les collections minéralogiques ;
le *dipyre* en cristaux de 2 à 3 mm., souvent groupés en faisceaux sont le plus
souvent calcifiés et dans ce cas ont perdu leur éclat vitreux ; ils sont accompagnés d'une *phlogopite* presque incolore, de *leuchtenbergite* et de *pyrite*. Fréquemment, ces cristaux de *dipyre* se transforment en *leuchtenbergite* blanche et verdâtre
semblable à celle que j'ai décrite à Arnave dans de semblables conditions.
Enfin de nombreux échantillons renferment de longs prismes hexagonaux de
quartz. De Charpentier a signalé dans ce calcaire[1] l'existence d'un fossile bilvalve
non déterminable.

b. *Schistes micacés.*

Ces schistes offrent la plus grande analogie avec ceux d'Engommer et de Pouzac.
Ils ont été regardés par les auteurs précédents comme constitués par une argile. cette roche est en effet onctueuse au toucher et se désagrège dans l'eau.
Mais quand on en fait tailler des lames minces et qu'on les examine au microscope, on constate qu'elles sont entièrement formées d'éléments cristallisés parmi
lesquels domine un *mica* d'un jaune très pâle ou lamelles généralement microcristallines. Ce minéral renferme quelques rares cristaux de *tourmaline*, il est
englobé par de petits grains de *quartz* assez peu abondants.

Au milieu de ce fond micacé, se trouvent de grands cristaux de *dipyre*,
tantôt arrondis en forme de grains d'orge, tantôt au contraire remarquablement
nets avec dans les faces *m* (110) et *h*[1] (100) très planes. Ce minéral contient
d'ordinaire de fines inclusions micacées ; les transformations en leuchtenbergite et en calcite sont fréquentes.

Des cristaux de *pyrite* (*p*) et de *leuchtenbergite*, plus rarement d'*amphibole*, s'observent en outre dans ces roches.

Parfois le ciment micacé devient à plus grands éléments et le mica prend
même des formes hexagonales quand il existe un peu de calcite.

§ II. — ASTÉ BÉON

M. des Cloizeaux[2] a signalé dans les calcaires magnésiens d'Asté Béon (vallée d'Ossau entre Louvie Juzon et Laruns), l'existence de cristaux d'albite ;
ils sont identiques comme formes à ceux de tous les calcaires décrits dans
ce mémoire. D'après les notes que mon savant maître a bien voulu me communiquer, ce calcaire à albite a été rencontré non loin d'une ophite, mais
pas en place. M. Seunes m'a fait remarquer que cette ophite se trou-
verait en contact au nord avec des calcaires jurassiques, au nord-ouest des

---

[1] *Constit. géogn. des Pyrénées.* 4, 340.
[2] *Manuel de minéralogie:* I. 324. 1862.

schistes et des calcaires carbonirères. D'après les indications du carnet de notes de M. des Cloizeaux, il est probable que ce calcaire à albite doit se trouver dans le carbonifère : cette remarque demande du reste une confirmation.

§ III. — CASTET

Je dois à l'obligeance de M. Seunes des calcaires qu'il a recueilli, non loin d'une ophite très altérée à Castet, entre Asté-Béon et Louvie-Juzon et à peu de distance de ce dernier village. L'un de ces calcaires est noir, rubané et renferme du quartz et de l'albite en grains microscopiques. L'albite s'isole parfois en veinules ne dépassant guère 0 mm. 01. Il est probable que des cristaux plus gros du même minéral se trouveront au contact immédiat de la roche éruptive.

§ IV. — ENVIRONS D'ARUDY (SYÉNITES ET PORPHYRITES).

Je cite ici comme documents deux roches métamorphiques des Basses-Pyrénées, bien qu'elles aient été produites au contact des roches différentes des ophites.

MM. Seunes et Beaugey ont signalé [1] à l'ouest d'Arudy de nombreuses roches éruptives (microgranulites, *syénites, diabases, porphyrites*) en filons dans le crétacé : elles sont certainement postdaniennes d'après ces auteurs qui ont constaté divers phénomènes de contact dans les grès et calcaires crétacés. Ils ont bien voulu me communiquer deux préparations intéressantes.

Un grès du flysch cénomanien recueilli au contact d'une *syénite augitique*, située au kilomètre 9 de la route d'Arudy à St-Christau est devenu compacte : dans une pâte quartzeuse, on observe des houppes d'aiguilles *d'actinote* formant le squelette de grands cristaux. Il existe en outre un peu de sphène.

Des marnes calcaires du même gisement ont été transformées en cornéennes à éléments extrèmement fins en grande partie formés par des grains incolores de *pyroxène,* de *sphène* englobés par de l'orthose finement grenue. Dans quelques lits apparaissent des traînées de paillettes de *biotite* : par places un peu de *dipyre* en plages plus grandes remplace l'orthose.

Ces cornéennes rappellent quelques types de contact de la lherzolite, bien qu'elles soient beaucoup moins cristallines que celles qui s'observent au contact de cette roche.

L'étude approfondie, au point de vue qui m'occupe ici, des gisements découverts par MM. Seunes et Beaugey fournira probablement des documents intéressants.

[1] *C. Rendus.* CIX. 509, 1889.

FEUILLE DE LUZ

COL DE LURDÉ

Dans les calcaires noirs du col de Lurdé (au sud des Eaux-Bonnes, et tout près de la limite des feuilles de Luz et d'Urdos), M. des Cloizeaux a signalé du quartz noir [1] développé au contact de l'ophite.

En dissolvant des blocs de calcaire de ce gisement dans l'acide chlorhydrique, j'ai isolé non seulement le *quartz* en cristaux allongés suivant l'axe vertical et longs de plusieurs centimètres, mais encore une grande quantité d'un *mica* en lamelles hexagonales blanches, souvent allongées suivant l'arête pg^1 (001) (010). Le plan des axes optiques est parallèle à g^1 (010) : $2E = 40°$ environ. Ce mica est un *phlogopite* très pauvre en fer : il est accompagné d'aiguilles de *rutile*.

Je rappellerai que c'est dans les calcaires jaunes du même gisement que se rencontrent les cristaux de pyrite bien connus [$\frac{1}{2}\,b^2$ (210)] présentant tous la macle par pénétration dite *macle de la croix de fer* (l'un des cristaux composant de la macle dérive de l'autre par rotation de 90° autour d'un axe quaternaire du cube)

FEUILLE DE BAYONNE

BÉDOUS, VILLEFRANQUE ET BIARRITZ

En terminant, je citerai encore quelques gisements que je n'ai pas visités moi-même et dont l'étude détaillée fournira sans doute des documents intéressants au point de vue qui m'occupe ici.

M. Beaugey [2] a en effet signalé des cristaux d'*albite* (du type précédemment étudié) dans des calcaires dolomitiques triasiques qu'il a observés près du clocher de Bédous. Ils atteignent 5 mm. et se sont formés au contact d'une *ophite*.

Le même auteur a indiqué la production de cristaux d'*albite*, de *dipyre* et de *quartz* dans les calcaires de la tranchée du chemin de fer qui précède le tunnel de Villefranque sur la voie de Bayonne à Ossès ; ces calcaires alternent avec des argiles bariolées gypsifères qui ont été aussi modifiées au contact de l'ophite, sans que ces transformations aient été décrites par l'auteur.

Enfin M. Stuart Menteath [3] a signalé des cristaux de *dipyre* et de *quartz* dans les calcaires en contact avec l'ophite située sur le bord de la mer entre Biarritz et Caseville. M. Beaugey y a trouvé en outre de l'*albite* [4].

[1] *Bull. Soc. géol.* 2ᵉ série. XIX, 418, 1862. Ces cristaux de quarz sont souvent vendus comme couseranite noire et c'est sous ce nom qu'ils se trouvent dans beaucoup de collections.

[2] *Bull. Soc. minér.*, XIII, 57, 1890.

[3] *Bull. Soc. géol.*, 3ᵉ série, XVI, 36, 1887.

[4] *Op. cit.*

TROISIÈME PARTIE

RÉSUMÉ ET CONCLUSIONS

CONCERNANT LES

PHÉNOMÈNES DE CONTACT DE LA LHERZOLITE

ET DE QUELQUES OPHITES DES PYRÉNÉES

CHAPITRE PREMIER

§ I. — RÉSUMÉ DES PHÉNOMÈNES DE CONTACT DE LA LHERZOLITE DES PYRÉNÉES.

Dans ce mémoire, j'ai démontré la nature intrusive de la lherzolite. Cette roche a profondément modifié les assises liasiques et son âge est assez bien fixé puisque dans l'Ariège, on la rencontre en galets à la base de la brèche calcaire représentant l'oolithe.

La lherzolite ne présente elle-même aucune modification endomorphe à son contact avec les roches sédimentaires.

Les roches métamorphisées étaient originellement constituées par des *calcaires*, des *marnes argilo-calcaires* et très rarement par des *grès* ; elles sont souvent encore riches en matière charbonneuse. Comme elles sont toujours recouvertes par les calcaires du jurassique supérieur et comme elles n'apparaissent que sur de petites étendues, il n'est pas possible de suivre une couche métamorphisée à une grande distance de la lherzolite et par suite de déterminer l'étendue de la zone d'action de cette roche.

L'intensité des phénomènes métamorphiques est du reste variable. A Prades, la matière charbonneuse des calcaires ne disparaît complètement que dans une zone de quelques mètres dans laquelle le calcaire est devenu blanc et à grands éléments : il renferme en cristaux de plusieurs centimètres de longueur les miné-

417

raux qui, à 500 mètres du contact, se rencontrent encore en cristaux microscopiques dans les calcaires noirs régulièrement stratifiés.

Au bois du Fajou, au contraire, la silicatisation est encore complète à 100 mètres du contact.

Au port de Saleix, le métamorphisme des calcaires est encore très notable à 1 km. 5 du pointement lherzolitique de Bernadouze, mais comme celui-ci n'apparaît que grâce à l'érosion du flanc nord de la chaîne calcaire de Vicdessos-Lherz, dont le port de Saleix limite le versant sud, rien ne prouve que la lherzolite ne se prolonge pas au sud sous les crêtes calcaires qui séparent Bernadouze du port de Saleix, et il n'est pas possible de tirer des conclusions positives de cette observation.

Dans un seul gisement, au Tuc d'Ess, il m'a été donné d'observer des roches modifiées au contact immédiat de la lherzolite et d'en trouver d'autres à environ 500 mètres plus loin ; la comparaison de ces roches à leurs deux stades de transformation est fort instructive.

Calcaires et marnes calcaires. — Si l'on excepte le gisement du Moun caou dans lequel le minéral métamorphique le plus abondant est l'*albite*, les minéraux qui se rencontrent dans tous les contacts de la lherzolite étudiés dans ce mémoire sont les mêmes, bien qu'ils présentent dans leurs associations de très nombreuses variations dont quelques-unes sont particulières à des gisements déterminés ; les minéraux néogènes que j'ai observés sont les suivants :

Dipyre (1), *feldspaths* (orthose, microcline, bytownite, anorthite, plus rarement albite, oligoclasse-albite, andésine, labrador), micas (biotite, phlogopite, plus rarement muscovite), amphiboles (hornblendes variées, actinote, trémolite), pyroxènes (diopside plus ou moins ferrugineux), tourmaline, rutile, sphène, magnétite, apatite, quartz, graphite, magnétite, oligiste.

[1] Le dipyre découvert en 1786 par Gillet de Laumont (schorl blanchâtre de Mauléon) a été nommé par Haüy (*Tr. de Minéralogie*, III. 244, 1801). En 1828, J. de Charpentier décrivit, sous le nom de couzeranite (tirée du nom de l'ancienne province du Couseran, dont Massat était la capitale) les cristaux noirs du port de Saleix dont il ne sut pas reconnaître l'analogie avec le dipyre (Mémoire sur la constitution géognostique des Pyrénées, 224). Dufrénoy étudia ce minéral (*Ann. Chimie et Physique*. XXXVIII, 280, 1828, Sur la couzeranite) qu'il crut monoclinique et dont il donna une première analyse. M. des Cloizeaux a fait voir que cette substance était quadratique et voisine du dipyre (*Manuel de minéralogie*, I. 228). L'examen microscopique donne la raison des divergences dans les résultats des analyses de dipyre et de couseranite. Les cristaux désignés sous ce dernier nom sont soit altérés, soit le plus souvent criblés d'une telle quantité de mica, tourmaline, quartz, albite, matière charbonneuse, etc., que les analyses données jusqu'à présent représentent moins la composition chimique du minéral que celle de ses inclusions. Dans un même échantillon, on voit souvent des cristaux limpides et d'autres noirs plus ou moins ternes, de telle sorte que l'on a souvent signalé le *dipyre* et la *couseranite* dans un même gisement (à Pouzac notamment). Les propriétés optiques et en particulier la biréfringence de tous les minéraux désignés sous ces deux noms sont les mêmes et l'identité des substances qu'ils désignent me paraît absolue, aussi le mot couseranite me semble-t-il devoir disparaître complètement de la nomenclature minéralogique et ne l'ai-je pas employé dans ce mémoire.

M. Ch. Frossard a proposé (*Bull. Soc. minér*. XIII. 187, 1890) de réserver le nom de couseranite au dipyre altéré, ce changement de nom est contraire aux règles de la nomenclature ; il serait peu logique du reste, les cristaux des gisements originaux de *couseranite* de Charpentier et de Dufrénoy n'étant pas constitués par du dipyre altéré, mais par du dipyre intact riche en inclusions de nature variée.

Enfin il faut y ajouter comme éléments rares le *spinelle*, l'*épidote* et le *grenat*. Je n'ai trouvé ce dernier minéral que dans deux échantillons de gisements distincts (Vicdessos et Fontèle-rouge).

Tous ces minéraux sauf la tourmaline se rencontrent à la fois dans les calcaires cristallins et dans les roches entièrement silicatées provenant de la transformation de calcaires argileux et de marnes calcaires. Quelques-uns sont particulièrement abondants dans certains gisements, c'est ce qui a lieu pour l'amphibole à Lordat. La tourmaline au contraire manque à Prades.

Les roches métamorphiques entièrement silicatées sont remarquables par leur très grande cristallinité, comparable pour quelques-unes d'entre elles à celle des roches gneissiques. Elles se rencontrent associées entre elles ou alternant avec des calcaires à minéraux et constituent de nombreux types pétrographiques qui passent les uns aux autres ainsi qu'aux calcaires cristallins.

A peu d'exception près, ces diverses roches métamorphiques se rencontrent presque toutes dans tous les gisements décrits dans ce mémoire. mais elles s'y présentent avec une importance relative très différente, le type le plus abondant d'un gisement constitue souvent une exception dans un gisement voisin. Ces différences s'expliquent aisément par les différences locales de composition chimique des sédiments métamorphisés ; elles constituent les caractéristiques de chacun des gisements étudiés.

Les phénomènes de contact observés le long de la chaîne pyrénéenne sont donc tous comparables entre eux et cette similitude des produits métamorphiques est évidemment le reflet de l'uniformité des conditions dans lesquelles s'est produite l'intrusion de la lherzolite au milieu de sédiments de composition et d'âge analogues ou même identiques.

Je passerai rapidement en revue les principales roches métamorphiques de contact immédiat de la lherzolite.

Les *cornéennes* sont des roches denses, très tenaces ou très fragiles, tantôt à éléments extrêmement fins, tantôt à éléments de plusieurs centimètres de plus grande dimension.

Leurs éléments essentiels sont constitués par du *dipyre*, des *feldspaths* (orthose à anorthite), des *pyroxènes*, des *amphiboles*, de la *tourmaline*, du *mica*, du *sphène*, du *rutile*. Elles sont fréquemment rubannées par suite de la concentration dans des lits distincts des éléments colorés (micas, pyroxènes ou amphiboles). Quand le mica est très abondant. la roche devient schisteuse et passe aux divers types de schistes micacés. Les plus grandes variations existant dans ces cornéennes tiennent à la coexistence du dipyre et des feldspaths, ou à l'existence de l'un seulement de ces minéraux comme élément essentiel. J'ai étudié en détail les structures de ces roches, elles sont très variées : on y rencontre notamment de beaux exemples de structure pœcilitique.

Les *schistes micacés* ressemblent parfois à des micaschistes tant leur cristallinité est grande.

Leur minéral caractéristique est la *biotite* ; elle est toujours accompagnée d'un élément blanc, *dipyre* ou *feldspath* (*orthose, oligoclase-albite, bytownite, bytownite* ou *anorthite*).

On peut, même à l'œil nu, distinguer ces schistes en deux groupes. Dans les *schistes micacés tachetés* qui dominent au bois du Fajou, à Lordat. dans la forêt de Freychinède, au Tuc d'Ess, on observe au milieu du mica, riche en inclusions de pyroxène et de tourmaline. des taches blanches ayant de 1 mm. à 1 c. de diamètre ; elles sont constituées soit par un globule ou un cristal de dipyre renfermant en inclusions les minéraux précités, soit par un mélange d'anorthite ou et pyroxène.

A Lordat, la cristallinité de quelques-uns de ces schistes tachetés est moindre, le pyroxène manque ; il apparaît de longs cristaux d'actinote et la roche rappelle celles qui seront retrouvées plus loin au contact des ophites.

Dans une autre catégorie de *schistes micacés* (Croix de Ste-Tanoque, Fontète rouge, Lherz), il n'existe plus de taches blanches, le feldspath ou le dipyre, ou bien ces deux minéraux réunis sont régulièrement grenus et généralement moulés par la biotite. La structure de beaucoup de ces roches est remarquablement identique à celle des schistes micacés de contact du granite, alors que dans d'autres elle rappelle celle des micaschistes. Dans quelques gisements (Fontète rouge), le feldspath dominant est la *bytownite*, parfois associée à l'*orthose*. A Prades, on trouve souvent du *microcline*, de l'*orthose* accompagnée d'*anorthite*. A la Fontète rouge, le *mica* est fréquemment accompagné et presque complètement remplacé par de la *hornblende*. Ces schistes alternent en lits minces avec des cornéennes qui n'en diffèrent que par la disparition du mica.

Dans plusieurs gisements (Prades, Vicdessos), ces divers types de schistes renferment du quartz qui est toujours néogène, mais qui provient en partie de la recristallisation de grains de quartz ancien.

Les *roches amphiboliques* présentent deux types : l'un a l'aspect d'une diorite ; il est formé en grande partie par l'enchevêtrement de longues aiguilles de *dipyre* et d'*actinote*. L'autre offre l'apparence d'une *amphibolite*, mais au microscope il se montre généralement riche en *feldspath basique* grenu, parfois en *dipyre*, en *calcite*, en *sphène*, etc.

Ces roches très amphiboliques manquent à Prades bien que dans ce gisement l'amphibole abonde dans les cornéennes. Elles n'existent pas davantage à la Croix de Ste-Tanoque. Dans les autres gisements, la hornblende, qui en forme l'élément caractéristique, est tantôt peu ferrifère et de couleur claire (Lordat, Tuc d'Ess), tantôt assez ferrifère et alors d'un vert plus foncé (Forêt de Freychinède, Fontète rouge).

Au Moun caou, les seuls minéraux formés dans les calcaires sont l'*albite*, la *phlogopite*. la *leuchtenbergite*, le *sphène* et la *pyrite*. L'albite offre toujours les macles de l'albite, du roc Tourné et de Carlsbad ; avec le mica, elle constitue parfois des nodules entièrement silicatés englobés au milieu du calcaire.

Dans toutes ces roches de contact immédiat de la lherzolite, le pigment charbonneux qui les colorait avant leur transformation a disparu ; il n'en est plus de même quand on étudie ces mêmes roches à quelques centaines de mètres de la lherzolite, la matière charbonneuse y est alors intacte ou transformée en graphite. Il n'existe plus, en fait, de roche entièrement silicatée, que des *schistes micacés* à éléments très fins, extrêmement riches en matière charbonneuse. Ils renferment souvent du quartz et passent à de véritables *quartzites micacés*. Toutes ces roches sont riches en grands cristaux de *dipyre*.

Tandis que dans les types entièrement silicatées, le dipyre gêné dans son développement par la cristallisation des autres éléments prend toujours des formes globuleuses et n'atteint que très rarement 1 cm. de plus grande dimension, dans les calcaires éloignés du contact de la lherzolite, au contraire, se développent de grands cristaux de dipyre atteignant parfois 4 cm. de longueur (montée du port de Massat, Lherz, port de Saleix). La netteté de leurs faces est souvent parfaite dans la zone verticale [*m*(110), *h¹*(100)]. Ils ne présentent jamais aucun sommet distinct. Les actions mécaniques subies par toutes les roches de la région montagneuse où s'observe la lherzolite, ont souvent tordu et brisé en plusieurs tronçons les grands cristaux de dipyre dont les fragments, peu déviés de leur position originelle, sont ressoudés par de la calcite. Le dipyre fixe en grande abondance le pigment charbonneux du calcaire et renferme en inclusions les autres minéraux métamorphiques (mica, pyrite, quelquefois orthose ou quartz).

Au port de Saleix et au Tuc d'Ess, les schistes micacés sont traversés par des filonnets quartzeux renfermant du mica blanc, du dipyre, parfois de la zoïsite. Ils développent largement les mêmes minéraux sur leurs salbandes dont ils transforment la matière charbonneuse en *graphite*.

Toutes les fissures des roches métamorphiques qui viennent d'être décrites, y compris les calcaires, aussi bien au contact de la lherzolite que loin d'elle, sont tapissés de nombreux cristaux de *zéolites*, parmi lesquelles domine la *chabasie*. Il est probable que la plupart de ces minéraux sont de formation récente et sans relations nécessaires avec les phénomènes métamorphiques de la lherzolite. Je les ai trouvés en effet dans les Pyrénées, au milieu des roches les plus diverses : granite, gneiss, roches métamorphisées par le granite, etc., et particulièrement dans les régions disloquées à travers lesquelles les circulations d'eau sont faciles.

Grès. Je n'ai pu recueillir qu'un seul contact de la lherzolite et de *grès* (ravin de la Plagnole) Ces roches sont transformées en *quartzites* par la recristallisation en mouvement des grains de quartz qui sont criblés d'aiguilles de *rutile*, de *tourmaline* néogènss. Ils englobent en outre de *l'andalousite*, de la *sillimanite* et de rares paillettes de *mica*. Il y a donc identité complète entre ces phénomènes de contact de la lherzolite et ceux du granite.

§ II. — COMPARAISON DES PHÉNOMÈNES DE CONTACT DE LA LHERZOLITE PYRÉNÉENNE ET DE CEUX DES PÉRIDOTITES DE DIVERS GISEMENTS.

Les phénomènes de contact déjà connus de péridotites peuvent être résumés en quelques lignes.

M. Lotti [1] a décrit à l'île d'Elbe le contact de *serpentines* de *péridotites* et de *calcaires* et *schistes argilocalcaires* liasiques et éocènes. Au cap Norsi, les calcaires liasiques sont devenus spathiques sur 30 cm. et se sont chargés de cristaux verts de *grenat*; au milieu de couches peu modifiées se sont développés des lits minces du même minéral. Dans un autre gisement les calcaires éocènes ont été silicifiés et sont devenus riches en cristaux de *pyroxène* et de *pyrite*.

Les macignos calcaires de la même région étudiés par M. Dalmer sont devenus cristallins et se sont chargés de *grenat* et d'*épidote* au contact de *serpentine* [2].

On peut rapprocher de ces observations celles que M. Weinschenk a faites dans le sud du Venediger Stock (Alpes du Tyrol) [3].

Dans une zone de chloritochistes et de schistes calcaires micacés, cet auteur a constaté au contact d'amas de serpentine (provenant d'une pyroxénolite pauvre en olivine), l'existence de *cornéennes* de composition variée. A proximité immédiate de la serpentine, ces cornéennes sont surtout formées d'*épidote* et de *zoïsite* (avec en outre *calcite*, *amphibole*, *chlorite*, *magnétite*, *pyrite*, et peut-être *feldspath triclinique*); plus loin, on observe des cornéennes riches en *idocrase*, *diopside*, *épidote* et en gros cristaux rouges de *grenat*; à une plus grande distance encore de la serpentine, ces cornéennes sont surtout constituées par du *grenat*. Elles sont associées à des *chloritoschistes* à grands cristaux de *magnétite*.

Tout en considérant ces roches comme le résultat de la transformation des calcaires argileux sous l'action de la pyroxénolite, l'auteur fait remarquer l'inégalité des phénomènes de transformation qui ne s'observent qu'au toit ou au mur des masses de serpentine, ce qui ne s'explique guère dans l'hypothèse de l'origine intrusive de la roche éruptive. On a vu plus haut en effet que toutes les fois que j'ai observé dans les Pyrénées des bosses intrusives de lherzolite, le métamorphisme est uniforme tout autour d'elles.

M. Weinschenk attribue une semblable origine à la roche bien connue d'*idocrase* et de *diopside* du Piz Longhin, ainsi qu'aux roches à *grenat*, *idocrase*, etc., de la vallée d'Ala en Piémont.

Les différences capitales qui existent entre le petit nombre d'observations qui précèdent et celles que j'ai faites moi-même dans les Pyrénées sautent aux yeux. Les minéraux développés au contact de ces péridotites ou serpentines ne présentent rien de caractéristique. Ce sont ceux que l'on rencontre le plus souvent dans les calcaires modifiés par les roches éruptives quelconques (*granites*, *syénites*, *diorites*, etc.), c'est-à-dire le *grenat*, l'*idocrase*, l'*épidote*. Or tous ces minéraux manquent totalement dans les contacts de lherzolite des Pyrénées.

Quant au *dipyre*, à la *tourmaline*, aux *micas*, aux *feldspaths* (tricliniques et monocliniques), qui constituent les caractéristiques des contacts pyrénéens, ils ne se rencontrent pas dans les gisements précités.

---

[1] *Memorie descrittiva della Carta d'Italia Descriz. geol. dell Isola d'Elba*, 87, 1886.

[2] *Zeitschr. f. Naturwissenchaft*, LVII, 1884.

[3] *Ueber Serpentine aus dem östl. centrale Alpen und deren Contactbildungen*. München, 1891.

Deux gisements américains ont fourni des documents, peu détaillés il est vrai, mais qui se rapprochent de ceux des Pyrénées : à 7 km. S.-E. de Willard, dans l'Eliott Cy (Kentucky), se trouve un dyke de péridotite (*dunite à pyrope*) dont M. Diller [1] a étudié le contact avec des *schistes carbonifères*. Ceux-ci sont formés par une masse argileuse, riche en aiguilles de *rutile*, et contenant des grains *clastiques* de *quartz* et de *feldspath*, accompagnés par un *pigment charbonneux*.

Au contact de la péridotite, la roche devient schisteuse par suite du développement de lamelles orientées de *biotite*. La matière charbonneuse se concentre parfois dans des taches opaques, entourées par un mélange de *mica* et de *feldspath* [2]. La roche offre alors l'aspect des *spilosites* de contact des diabases. La péridotite renferme en outre des enclaves schisteuses plus ou moins modifiés. Elles sont entourées par une enveloppe de *mica blanc* et sont elles-mêmes très riches en micas (incolores ou colorés), et en un minéral jaune, isotrope, soluble dans les acides qui n'a pu être déterminé par l'auteur.

Geo. Williams [3] a décrit un échantillon de *serpentine* de Syracuse (Onondaga Saltgroup, New York) renfermant une enclave de *calcaire*. Le contact des deux roches est formé par une zone d'*amphibole* verte aciculaire, avec probablement un peu de *biotite*.

En terminant, je citerai une autre observation qui prête à discussion. A. Favre a signalé [4] l'existence de cristaux d'*albite* dans des calcaires triasiques du Mont Jovet, à l'est de Moutiers, à leur contact avec une serpentine. « Dans le haut du ravin de Bozel, dit-il, on observe de la serpentine entre les couches de calcaire noir du Mont Jovet et la formation du gypse ; elle occupe une zone longue et étroite qui passe à la croix du Mont Jovet. Sur la ligne de contact de la serpentine et du calcaire, il s'est formé un marbre résultant du mélange de ces deux roches. Près de là, on voit également de la dolomie blanche contenant des cristaux d'albite qui a l'apparence d'un vrai calciphyre semblable à celui de la Maurienne. Le calcaire noir du Mont Jovet renferme aussi des cristaux d'albite identiques à ceux de Villarodin en Maurienne ».

L'albite abonde dans les calcaires triasiques des Alpes françaises dans des régions où, d'après les géologues qui ont étudié la région (notamment Lory, MM. Marcel Bertrand [5] et Termier), il ne serait pas possible de faire intervenir l'action des roches éruptives (serpentine et enphotide) qui existent quelquefois seulement à leur voisinage. Je crois donc faire quelques réserves sur l'identité absolue des conditions de gisement de l'albite du Mont Jovet et de celle des Pyrénées. Les conclusions d'A. Favre sont cependant vraisemblables, puisqu'elles

---

[1] *Amer. Journ. of Sc.* XXXII, 124, 1888 et *Bull. U. S. Geol. Surrey*, n° 38, 21, 1887.

[2] M. Diller ne dit pas quels sont ces feldspaths, s'ils sont néogènes ou s'ils sont au contraire constitués par les grains clastiques de microcline, d'orthose et de feldspath triclinique du sédiment non modifié.

[3] *Amer. Journ. of Sc.* XXXIV, 143, 1887.

[4] Recherches géologiques dans les parties de la Savoie... voisines du Mont Blanc. Paris, III, 230, 1867.

[5] M. Marcel Bertrand, qui a fait récemment une étude approfondie du Mont Jovet (*Bull. Soc. géol.*, 3e série, XXII, 149, 1894), a constaté la cristallinité d'une partie des calcaires du Mont Jovet, sans toutefois parler de ces cristaux d'albite.

sont identiques à celles auxquelles m'a conduit l'étude du Moun caou. J'aurai l'occasion de revenir sur ces cristaux d'albite des Alpes dans le chapitre III.

J'ai fait voir que dans les gisements pyrénéens, la lherzolite ne présentait aucun phénomène endomorphe au contact des sédiments modifiés. Dans l'Eliott C.ᵞ et à Syracuse, les péridotites (serpentines) au contraire présentent à leurs contacts des modifications de structure, consistant, pour la première, dans le développement d'une structure variolitique, pour la seconde, dans une structure à deux temps très distincts.

Ces différences peuvent s'expliquer par les différences de conditions de gisement ; les péridotites américaines dont il vient d'être question constituant des dykes, se sont refroidies plus rapidement sur leurs salbandes, tandis que les masses intrusives pyrénéennes ont dû se refroidir très lentement et d'une façon plus uniforme. Les brèches de contact observées dans les Pyrénées indiquent en outre que la lherzolite n'était pas très fluide au moment de son intrusion. On comprend dès lors que l'influence des salbandes n'ait pu se faire sentir et que la roche éruptive n'ait subi de modifications endomorphes, ni de structure, ni de composition minéralogique. C'est sans doute aussi à ces différences de conditions de gisement qu'il y a lieu aussi d'attribuer la différence d'intensité du métamorphisme exomorphe exercé par ces roches sur les sédiments voisins.

CHAPITRE II

OPHITES

§ I. — RÉSUMÉ DES PHÉNOMÈNES DE CONTACT DES OPHITES PYRÉNÉENNES

L'uniformité des caractères des phénomènes de contact des ophites pyrénéennes est bien plus grande encore que celle qu'on observe au contact des lherzolites, ce qui s'explique là encore par l'analogie de composition des roches modifiées et par l'identité probable des conditions dans lesquelles ces transformations se sont effectuées sous l'influence des mêmes agents chimiques.

Les roches métamorphisées par l'ophite sont des *calcaires*, des *marnes calcaires* et des *grès*.

Les minéraux développés au milieu d'eux sont les suivants : *dipyre, albite, quartz, biotite, leuchtenbergite, clinochlore, actinote, trémolite, tourmaline, apatite rutile, sphène, pyrite, oligiste, magnétite* se présentant tous en cristaux distincts.

La tourmaline se trouve parfois en grande abondance ; ses cristaux atteignent 3 cm. de diamètre ; le dipyre et l'actinote forment également des cristaux de plusieurs centimètres, l'albite ne dépasse guère 5 mm. ; elle présente toujours les mêmes formes avec les macles suivant les lois de l'albite, du roc Tourné et de Carlsbad.

Dans quelques-uns des gisements étudiés, comme celui de Pouzac, par exemple, on trouve une extrême variété dans la façon dont ces minéraux s'associent, deux bancs de calcaires situés à quelques mètres de distance, ayant rarement la même composition minéralogique.

Calcaires et marnes calcaires. — Les marnes calcaires donnent seules par leur transformation des roches entièrement silicatées. Elles sont essentiellement constituées par un fond de *biotite* microcristalline, renfermant souvent des grains de *quartz*, des aiguilles de *rutile*, de *tourmaline* et englobant de grands cristaux porphyroïdes de *dipyre*, souvent accompagnés d'*actinote*. L'*albite* y est plus rare. Ces schistes sont peu cohérents et se délayent dans l'eau, ce qui les a fait prendre pour des argiles talqueuses. Ils sont généralement riches en pyrite.

Dans un grand nombre de gisements, les ophites sont accompagnées d'*anhydrite* et de *gypse*. La formation de ces sulfates me parait postérieure au métamorphisme du calcaire et des marnes calcaires qui les accompagnent. En effet, les produits métamorphiques sont identiques dans les gisements gypsifères, (Arnave, Arignac) et dans ceux dans lesquels il n'existe pas de gypse (Pouzac). De plus, l'anhydrite et le gypse renferment identiquement les mêmes minéraux que les bancs de calcaires au milieu desquels ils se trouvent : à Arnave, il me semble peu douteux que les calcaires aient été transformés en anhydrite et ce minéral en gypse. J'aurai, du reste, l'occasion de traiter ultérieurement cette question en étudiant les nombreux gisements pyrénéens de gypse à cristaux de quartz bipyramidé et à cristaux d'aragonite dont je ne me suis pas occupé dans ce travail.

Grès. — Je n'ai étudié que deux gisements de grès triasiques modifiés au contact des ophites (Lez, Cierp). Ils sont transformés en *quartzites* dans lesquels se sont développés en abondance de la *trémolite*, de l'*actinote*, du *dipyre* et du *sphène*[1].

§ II. — COMPARAISON DES PHÉNOMÈNES DE CONTACT DES OPHITES PYRÉNÉENNES ET DE CEUX DE ROCHES ANALOGUES PROVENANT D'AUTRES RÉGIONS.

Il existe en Algérie une grande quantité de pointements ophitiques, associés à des gypses et à des calcaires renfermant, d'après MM. Curie et Flamand, des minéraux offrant une très grande analogie avec ceux qui se trouvent dans les Pyrénées, dans de semblables conditions (*dipyre, albite, tourmaline, pyrite*) (Aïn

[1] Ce sont ces derniers minéraux qui se forment dans les grès cénomaniens des environs d'Arudy au contact d'une *syénite nagitique*. Les marnes calcaires qui leur sont associées se transforment en cornéennes à grains extrêmement fins avec *pyroxène, sphène, mica, orthose, dipyre*, qui rappellent plus les roches de contact des lherzolites que celles des ophites.

Nouissy, environs de Dublineau) : ces savants regardent ces gypses comme d'origine métamorphique [1].

J'ai décrit dans ma *Minéralogie de la France*[2] des cristaux de tourmaline découverts autrefois par Nicaise et Montigny, à 4 km. en amont de l'Oued Bouman et de l'Oued Harrach (près Blidah) et qui offrent une grande analogie de formes avec ceux d'Arnave ; de couleur très variée (vert émeraude à jaune pâle), ces cristaux se trouvent d'après Ville, aussi bien dans les calcaires que dans les gypses provenant de leur altération.

M. de Launay m'a récemment communiqué un cristal de tourmaline jaune de la même forme, associé à de la pyrite dans le gypse de Rovigo.

Enfin M. Delage a signalé [3] dans les calcaires des environs du village de l'Arba, non loin de l'Oued Djemma (affluent de l'Oued Harrach), de jolis cristaux verts de tourmaline. En dissolvant un échantillon de ce calcaire par un acide, j'ai pu isoler, outre la pyrite et le quartz, de la *leuchtenbergite*, du *rutile* et de l'*albite* (forme des cristaux du Moun caou). Ces associations minéralogiques sont donc absolument identiques à celles des roches d'Arnave et de Lys.

Dans ce gisement il n'existe pas d'ophite en place, mais M. Delage, a trouvé des blocs d'une roche verte essentiellement formée par du *dipyre* et de l'*amphibole*. Il l'a décrite comme une roche éruptive, tandis que MM. Curie et Flamand [1] qui ne l'ont pas retrouvée en place, la considèrent comme une roche métamorphique.

J'ai moi-même décrit cette roche à deux reprises [5] ; elle est exclusivement formée de grandes plages de *dipyre* piquetées de calcite et associées à une *amphibole* verte fibreuse. Après avoir à nouveau étudié les échantillons que je dois à l'obligeance de M. Delage, et les avoir comparés aux divers types analogues étudiés dans ce mémoire, j'avoue ne pouvoir trancher définitivement la question de son origine, car si elle est très analogue à la roche métamorphique du col del Picouder, près Vicdessos, elle se rapproche à certains égards de quelques ophites dipyrisées. Nous sommes donc ici en présence d'une difficulté du même ordre que celles qui ont été signalées plusieurs fois au cours de ce mémoire.

En résumé, l'identité des phénomènes métamorphiques observés dans les gisements pyrénéens et algériens, paraît complète, et il est à souhaiter que des études détaillées viennent compléter les résultats sommaires qu'on possède à l'heure actuelle sur cette question.

Les phénomènes de contact algériens sont les seuls que l'on puisse comparer d'une façon absolue, avec ceux des ophites pyrénéennes. En effet, dans la plupart des contacts de diabase et de calcaire observés dans d'autres régions, ces dernières roches sont transformées en *cornéennes* essentiellement formées

---

[1] *Carte géol. d'Algérie*, Roches éruptives, Alger, 1890, 15.
[2] *Op. cit.* 109.
[3] *Le Sahel d'Alger* (*Thèse*) Montpellier, 153.
[4] *Op. cit.*
[5] *Bull. Soc. minér.*, XII, 167, 1889 et XIV, 22, 1891.

par des silicates calciques, parmi lesquels dominent le *grenat* et l'*idocrase*, associés à des *pyroxènes*, etc. On peut donc faire à leur égard les mêmes observations que pour les contacts de péridotites dont il a été question plus haut ; ces phénomènes ne présentent pas d'analogie avec ceux qui m'ont occupé dans ce mémoire.

Cependant MM. Andreæ et Osann, ont décrit récemment[1] aux environs de Weehawken et d'Hoboken (New-Jersey), d'intéressantes transformations effectuées par une masse intrusive de diabase dans les assises du système de Newark (*schistes argileux* avec intercalations d'*arkoses* et de *calcaires*). Elles présentent quelques minéraux communs avec mes roches de contact.

Ces auteurs ont décrit deux catégories de *cornéennes*, alternant entre elles en lits minces ; l'une micacée est d'un gris foncé, elle est essentiellement formée de *feldspath* (en partie triclinique) et de *mica*, avec souvent des cristaux de *tourmaline* noire, dont les cristaux atteignant 3 mm. sont entourés d'une zone blanche exclusivement feldspathique. La seconde variété de cornéenne est très compacte et dure, d'un gris clair ou d'un gris verdâtre, elle est constituée par un mélange à grains fins de *diopside*, de *hornblende* verte, de *biotite*, d'aiguilles entrelacées de *trémolite*, de *grenat*, d'*idocrase*, d'*épidote* ; le *feldspath* et le *sphène* sont peu abondants. La calcite se présente par places en masses spathiques. Ces cornéennes sont rubanées, les lits colorés sont riches en amphibole et en biotite, les lits clairs en pyroxène.

Si l'on fait abstraction du *grenat*, de l'*idocrase* et de l'*épidote*, ces cornéennes paraissent assez analogues à quelques-unes de celles de contact de la lherzolite, mais il est surtout intéressant de noter au milieu de ces roches l'existence de la *tourmaline*, si abondante dans les roches de contact pyrénéennes.

Les roches résultant de la transformation des schistes paléozoïques (*spilosites, desmosites, adinoles*) sous l'influence des diabases du Hartz et du Nassau, de la Saxe, sont bien connus depuis les classiques travaux de Lossen, de Kayser ; des types analogues ont été retrouvés dans de semblables conditions dans de nombreux autres gisements, et notamment dans le pays de Galles par M. Teall et en Bretagne par M. Barrois[2] Les minéraux développés dans ces roches sont les suivants : *micas* (*muscovite* et *séricite*), *chlorite, quartz, albite, rutile* et accessoirement *asbeste* ou *actinote, sphène, ilménite, calcite, tourmaline, pyrite* (souvent transformée en limonite).

Le pigment charbonneux de la roche originelle a plus ou moins complètement disparu.

Les schistes transformés présentent des aspects différents suivant que le chlorite est uniformément répartie dans la roche (*spilosites*) ou qu'elle est concentrée dans des amandes ou lits spéciaux (*desmosites*). Elle est toujours très abondante.

Dans les *adinoles*, la proportion du quartz est beaucoup plus grande que

---

[1] *Verhandl. naturhist. Medicin Verein zu Heidelberg. N. F. V. 16. 1894.*

[2] *Bull., n° 7.*

dans les roches précédentes, la chlorite est remplacée par des aiguilles d'actinote qui peuvent être très clairsemées, mais ne disparaissent jamais entièrement.

D'après cette courte description, on peut voir quelles sont les différences qui existent entre ces *spilosites, desmosites* et *adinoles* et les *schistes micacés* de contact des ophites. Dans ces derniers, le mica est l'élément dominant ; il appartient exclusivement au groupe de la *biotite* : la chlorite est très peu ferrifère *(leuchtenbergite)* et toujours subordonnée par rapport au mica : elle ne se groupe pas en nids distincts : sauf des cas spéciaux, le quartz est peu abondant, les roches micacées pyrénéennes doivent donc être comparées non aux adinoles, mais aux spilosites et desmosites. L'*albite* de ces dernières roches est presque toujours remplacée dans les roches pyrénéennes par du *dipyre* en longs cristaux, ce minéral est très souvent accompagné d'actinote (rare dans les spilosites) se présentant également en cristaux porphyroïdes. Le rutile ne manque guère, et quand il n'existe pas, il est remplacé par du sphène qui souvent s'est formé à ses dépens. Enfin la pyrite est très abondante.

Les roches paléozoïques ont été, avant et après leur métamorphisme de contact, soumises à des actions modifiantes d'origine si variée qu'il peut y avoir, dans certains cas, incertitude sur l'origine de quelques-uns de leurs éléments composants : c'est ce qui a lieu notamment pour la *tourmaline* que M. Rosenbusch[1] et M. Zirkel[2] indiquent comme pouvant être un élément normal des schistes, antérieur à l'action de la diabase.

Pour les gisements pyrénéens, l'incertitude n'est plus permise, puisque l'argile liasique normale ne renferme aucun silicate cristallisé et que la *tourmaline* en est un des éléments métamorphiques les plus constants, qui peut parfois, (à Arnave et à Lys) atteindre plusieurs centimètres de plus grande dimension. Cette constatation doit donc faire considérer comme probable l'origine métamorphique la tourmaline des spilosites et des desmosites dont elle ne constitue du reste qu'un élément rare.

L'albite si abondante dans les contacts du Hartz est clairsemée dans les schistes micacés pyrénéens et, comme je l'ai dit plus haut, le plus souvent complètement remplacée par du dipyre qui paraît spécial aux contacts qui nous occupent. Mais elle est fréquente dans les calcaires en cristaux dont la netteté contraste avec la structure microcristalline de l'albite des adinoles et des spilosites.

J'ai indiqué plus haut qu'A. Favre a attribué à l'action de serpentine le développement de cristaux d'albite dans les calcaires triasiques du mont Jovet en Tarentaise. A Villarodin, près Modane en Maurienne, on connaît depuis longtemps dans des calcaires triasiques des cristaux d'*albite*. A proximité de ce gi-

[1] *Mikroskopische Physiographie*, 2e Aufl., 239, 1887.
[2] *Lehrb. der Petrographie*, II, 719, 1894.

sement, se trouve un massif d'*euphotide* qui, d'après M. Marcel Bertrand[1], serait postérieur à ces calcaires tout en ne les ayant pas percés. On peut se demander dès lors si la formation de ces cristaux n'est pas liée à la venue de la roche triasique. Ne connaissant pas ce gisement, je me borne à poser la question.

En terminant, je rappellerais que dans l'anhydrite de Villarodin, associée aux calcaires à albite, M. des Cloizeaux a signalé autrefois des blocs de *calcaire* noir à surface corrodée, des cristaux de *dolomie*, de *quartz*, d'*albite* et enfin des grains verdâtres dont la composition donnée par l'analyse suivante de M. Pisani est très voisine de celle de la *groppite* des cipolins de Gropptrop en Suède.

	Grains de Modane	Groppite
SiO^2	48.20	45.01
Al^2O^3	19.70	22.55
MgO	12.80	12.28
CaO	1.64	4.55
FeO	3.38	»
Fe^2O^3	»	3.06
Na^2O	} 7.22	0.20
K^2O		5.23
H^2O	7.06	7.11
	100.00	100.00

M. des Cloizeaux avait observé en 1864 que ces grains étaient peu transparents, qu'ils paraissaient en général monoréfringents, et que quelques-uns d'entre eux renfermaient de petites plages transparentes à un axe positif, pouvant être du quartz. Mon savant maître a bien voulu me donner ces échantillons pour les étudier en lames plus minces que celles qu'il avait examinées autrefois. J'ai pu constater que cette substance était très hétérogène ; quelques grains sont formés par de petites lamelles d'une *chlorite* blanche peu biréfringente à un axe positif, associées à des aiguilles de *rutile* et de *tourmaline*. Dans d'autres, on voit apparaître des cristaux d'*albite*, enfin quelques grains sont formés par un agrégat à grands éléments d'albite et de chlorite blanche toujours accompagnées de rutile et de tourmaline. Ces grains très cristallins sont donc, au point de vue de la composition et de la structure, comparables aux nodules entièrement silicatés du Moun caou.

L'analogie de composition, montrée par les analyses ci-dessus, entre les grains de Villarodin et la groppite, est donc toute fortuite, et il est bien certain que si l'on pouvait analyser isolément plusieurs grains de la substance de Villarodin, aucun d'eux ne présenterait strictement la même composition.

[1] *Bull. Soc. géol.*, 3e série, XXII, 149, 1894.
[2] *Bull. Soc. géol.*, 2e série, XXII, 25, 1864.

CHAPITRE III

CONCLUSIONS

§ I. — COMPARAISON DU MODE D'ACTION DE LA LHERZOLITE ET DES OPHITES

Il résulte des faits exposés dans ce mémoire que les phénomènes de contact de la lherzolite et ceux des ophites présentent entre eux la plus remarquable analogie. Ils ne diffèrent guère les uns des autres que par leur intensité, moins grande dans le cas des ophites que dans celui des lherzolites.

Les minéraux caractéristiques de ces contacts, c'est-à-dire le *dipyre*, la *tourmaline*, les *micas*, l'*albite*, les *amphiboles*, la *chlorite*, le *rutile* et le *sphène*, plus rarement le *quartz*, se rencontrent comme éléments néogènes dans toutes ces roches métamorphiques. Mais dans les sédiments modifiés par la lherzolite, ils sont souvent accompagnés d'*orthose*, de *microcline*, de *feldspaths tricliniques basiques*, de *pyroxène*, etc. L'albite et la chlorite (*leuchtenbergite*) sont plus communes dans les contacts d'ophite que dans ceux de lherzolite ; dans les premiers de ces contacts, en outre, la tourmaline se présente plus fréquemment en gros cristaux que dans les derniers. Souvent les ophites sont accompagnées de gypse et d'anhydrite que l'on ne rencontre jamais associés à la lherzolite.

L'existence constante du *dipyre*, aussi bien au contact de la lherzolite qu'à celui de l'ophite, rend parfois difficile l'exacte appréciation de la part due à chacune de ces roches dans les phénomènes métamorphiques des régions où elles existent à proximité l'une de l'autre.

Les transformations métamorphiques dues aux ophites peuvent être comparées à celles qui s'effectuent à quelque distance de la lherzolite, plutôt qu'à celles que l'on observe au contact immédiat de cette roche. La lherzolite seule, en effet, détermine la formation de roches entièrement silicatées dont la cristallinité rappelle celle des schistes cristallins, tandis que le plus généralement les schistes micacés de contact de l'ophite sont constitués seulement par des aiguilles de dipyre et d'amphibole englobées dans une masse de mica microcristallin.

§ II. — COMPARAISON DES PHÉNOMÈNES DE CONTACT DES LHERZOLITES ET DES OPHITES AVEC CEUX DES AUTRES ROCHES ÉRUPTIVES.

Les cornéennes formées aux dépens de calcaires et de schistes argilo-calcaires par les *granites*, les *syénites*, les *diorites*, les *diabases*, les *péridotites* (autres que les lherzolites des Pyrénées)[1], etc., présentent une telle analogie de composition

[1] Il en est de même pour les cornéennes formées aux dépens des enclaves calcaires des roches volcaniques les plus diverses (andésites de Santorin, phonolites du Kaiserstuhl, basaltes du Vivarais, etc.). (*Les Enclaves des roches volcaniques*, Mâcon, 1893).

minéralogique dans les gisements les plus divers, qu'aucune d'entre elles n'est vraiment caractéristique de l'action métamorphique d'une roche éruptive déterminée ; le *grenat*, l'*idocrase*, la *wollastonite*, l'*épidote* en sont les éléments les plus fréquents, souvent associés du reste avec du *pyroxène*, de l'*amphibole*, du *mica* et des *feldspaths*.

Les contacts de lherzolite et d'ophite des Pyrénées viennent rompre cette monotomie en présentant des minéraux spéciaux et des types pétrographiques particuliers. Il est fort curieux que pour les lherzolites, l'uniformité des produits de contact soit rompue dans un ordre inverse de celui que l'on pouvait supposer *à priori*. Il est en effet remarquable que, d'une façon constante, les calcaires modifiés au contact de cette roche essentiellement magnésienne et dépourvue d'alcalis (ou extrêmement pauvre en alcalis) se chargent surtout de minéraux riches en alcalis, tels que l'*albite*, l'*orthose*, le *microcline*, le *dipyre*, les *micas*. Les analyses de ces couches métamorphiques indiquent [1] jusqu'à près de 9 0/0 d'alcalis qui doivent être nécessairement considérés comme d'origine étrangère à la composition normale du sédiment métamorphisé.

Ce fait montre d'une façon éclatante que les modifications métamorphiques ont été effectuées non par la lherzolite elle-même, mais par les fumerolles ou sources thermales qui ont accompagné sa venue [2]. L'analogie des transformations effectuées par les ophites et par les lherzolites fait voir en outre que, dans

---

[1] M. Duparc a bien voulu faire faire dans son laboratoire de l'Université de Genève les analyses suivantes :

a. Roche amphibolique de la forêt de Freychinède.
b. Cornéenne peu micacée du bois du Fajou, par M. Brunet.
c. Cornéenne du bois du Fajou, par M. Brunet.
d. Schiste micacé à dipyre (éléments très fins) de Lordat, par M. Brunet.
e. Schiste micacé tacheté du bois du Fajou, par M. Favre.
f. Schiste micacé tacheté du bois du Fajou, par M. Joukowsky.

	a	*b*	*c*	*d*	*e*	*f*
SiO^2	37.58	49.10	47.35	41.50	44.22	43.02
Al^2O^3	11.20	24.19	13.20	15.95	13.90	14.83
Fe^2O^3	} 12.44	2.21	2.65	»	»	} 5.72
FeO		4.50	»	7.07	6.05	
MnO	»	traces	»	»	»	»
CaO	15.30	11.20	18.15	8.40	17.55	12.72
MgO	16.79	1.82	12.06	16.95	12.26	14.13
K^2O	1.60	5.70	3.20	} 8.89	1.85	3.57
Na^2O	1.20	1.38	3.42		1.18	5.38
Perte [a]	2.50	0.60	0.94	1.25	1.05	1.25
	98.61	100.96	101.47	100.00	99.06	100.63

[2] Dans mon mémoire sur les *Enclaves des roches volcaniques*, j'ai montré combien étaient généralement limités les phénomènes de transformation dus à l'action en quelque sorte personnelle des roches éruptives sur les roches avec lesquelles elles se trouvent en contact : à moins que ces dernières ne soient absorbées, ces transformations sont d'ordre purement physique. Quand l'absorption a lieu, il se produit des roches à composition intermédiaire entre celle de la roche éruptive et celle de la roche modifiée. Il en est de même pour les roches intrusives ; or, aucun phénomène de ce genre ne s'observe au contact de la lherzolite. Je reviendrai plus loin sur ce sujet.

[a] Fluor, bore et eau non dosés.

les Pyrénées, ces deux roches, de *composition différente*, ont été accompagnées de fumerolles de *composition qualitativement identiques*.

Les conditions dans lesquelles ces agents métamorphiques ont agi sur les sédiments en contact avec la roche éruptive n'ont sans doute pas été exactement les mêmes dans le cas des lherzolites et dans celui des ophites.

L'abondance et la cristallinité des *schistes micacés à feldspath ou à dipyre* rapproche le mode d'action de la lherzolite de celui du granite plus que de celui de toute autre roche éruptive. Je n'insisterai pas pour l'instant sur cette analogie qui sera développée dans un *Bulletin sur les phénomènes de contact du granite dans les Pyrénées*, qui paraîtra sous peu. Je ferai remarquer seulement que la feldspathisation effectuée sous l'influence des lherzolites est toujours limitée au contact immédiat de la lherzolite, et qu'à quelques centaines de mètres, elle est toujours remplacée par le développement sporadique de *dipyre* et parfois de biotite.

Une différence essentielle distingue les phénomènes de contact de ces deux roches. Le granite semble avoir exercé une action corrosive intense sur les roches au milieu desquelles il a fait intrusion. M. Michel Lévy a insisté [1] sur le peu de dislocations effectuées pendant la mise en place de nombreux massifs granitiques dont les contacts semblent se fondre insensiblement avec la roche intrusive. Celle-ci présente alors des transformations endomorphes aussi intenses que les transformations exomorphes développées autour d'elles. J'ai moi-même observé des faits identiques dans les contacts granitiques des Pyrénées.

Dans les contacts de lherzolite au contraire, on ne trouve rien de semblable. Il n'y a aucun terme de passage entre les sédiments modifiés et la masse intrusive qui s'est fait brusquement sa place en disloquant les assises liasiques et en produisant à son contact des brèches d'origine mécanique. Celles-ci semblent indiquer un défaut de plasticité de la lherzolite au moment de son intrusion.

Un fait qui mérite d'appeler l'attention consiste dans l'abondance de la tourmaline dans tous les contacts de lherzolite ou d'ophite : ce minéral est donc loin d'être exclusivement caractéristique des roches granulitiques.

La formation simultanée de minéraux de basicité et d'affinité aussi différentes que le *microcline*, l'*orthose* et le *quartz* d'une part, et l'*anorthite* de l'autre n'est pas moins remarquable. Ces associations rappellent celles que l'on observe dans les schistes cristallins et dans les pegmatites.

On a vu plus haut que les alcalis ont été certainement apportés dans ces roches métamorphisées; il en est évidemment de même du bore de la tourmaline d'une partie de la magnésie, du fer et de la silice. Quant à la chaux, à l'alumine, et à une partie de la silice, elles ont été fournies par les roches sédimentaires normales. Cela est bien mis en évidence pour l'alumine par ce fait que, sauf le pyroxène et l'amphibole qui abondent dans les calcaires, la plupart des miné-

---

[1] *Bull.* n° 36. p. 36, 1893.

raux néogènes sont alumineux et plus abondants dans les marnes que dans les calcaires cristallins[1].

La richesse en matière organique de beaucoup de calcaires renfermant à la fois un grand nombre de minéraux (*dipyre*, *mica*, *albite*), et des fragments de tests délicats de fossiles non altérés (Port de Saleix), implique d'une façon nécessaire pour ces transformations métamorphiques une température relativement peu élevée. Les expériences de MM. Friedel et Sarrasin, de MM. Ch. et G. Friedel dans lesquelles ces savants ont reproduit par voie humide en solution alcaline et au-dessous du rouge sombre l'*albite*, l'*anorthite*, les *micas*, etc., indiquent la direction dans laquelle devront être dirigées les recherches synthétiques, destinées à élucider les phénomènes métamorphiques qui nous occupent et d'une façon plus générale tous les phénomènes de contact. L'étude des calcaires métamorphiques des tufs de la Somma et du Latium m'a déjà conduit à cette même conclusion[2].

Il y a lieu de noter à cet égard la facilité avec laquelle l'albite a cristallisé au milieu des calcaires métamorphiques des Pyrénées dans lesquels elle présente toujours des formes remarquablement nettes, à opposer aux formes arrondies que l'orthose et les feldspaths basiques possèdent dans de semblables conditions.

L'association fréquente du quartz et de l'albite dans ces roches métamorphiques est encore un argument en faveur de l'hypothèse tendant à expliquer la production de ce minéral par des phénomènes hydrothermaux. Elle est encore rendue probable par le développement exagéré de dipyre et du mica aux salbandes des veinules de quartz à dipyre qui traversent les schistes liasiques du port de Saleix et du Tuc d'Ess, à quelque distance de la lherzolite.

En terminant, je ferai remarquer que tous les phénomènes métamorphiques qui viennent d'être énumérés peuvent en somme être expliqués par des apports dans les roches modifiées d'un petit nombre de substances chimiques qui sont précisément celles qui abondent parmi les produits volatils accompagnant les éruptions des roches volcaniques de composition quelconque (*leucotéphrites* du Vésuve, *basaltes* de l'Islande et de l'Etna, *andésites* de Santorin et du Krakatoa, etc.). On s'explique dès lors la ressemblance des produits métamorphiques développés au contact de roches éruptives de composition différente.

Si ces produits volatils sont *qualitativement* semblables, il ne s'ensuit pas nécessairement qu'ils soient *quantitativement* identiques dans deux centres éruptifs de même composition et *a fortiori* dans ceux de composition différente ; comme, d'autre part, les conditions dans lesquelles ils exercent leur action peuvent elles-mêmes varier, il est possible de comprendre pourquoi la même roche n'agit pas toujours de la même façon sur les sédiments de même composition qui se trouvent à son contact dans des localités distinctes.

[1] On peut comparer la formation par voie hydrothermale de l'albite dans les calcaires en contact avec les ophites à la production du même minéral dans les filons de blende d'Anglas, près des Eaux-Bonnes. J'y ai trouvé en effet des cristaux d'*albite*, associés à des cristaux de *quartz*, de *chlorite*, de *blende* et d'*harmotome*. L'albite présente la même forme que dans les calcaires étudiés dans ce mémoire.

[2] *Les enclaves des roches volcaniques*, Macon, 315, 1893.

En résumé, la composition quantitative des produits volatils ou solubles accompagnant la venue d'une roche éruptive, la nature originelle des sédiments modifiés et enfin les conditions physiques dans lesquelles s'effectue le contact constituent trois facteurs qui peuvent varier indépendamment les uns des autres et produire des roches métamorphiques différentes au contact d'une même roche éruptive, étudiée dans deux gisements distincts ou des types métamorphiques analogues, au contact de deux roches éruptives minéralogiquement différentes.

§ III. — OBSERVATIONS SUR LA FORMATION DU DIPYRE DANS LES ROCHES MÉTAMORPHIQUES [1] DES PYRÉNÉES.

J'ai démontré que le *dipyre* ne manque dans aucun des contacts de lherzolite ou d'ophite étudiés dans ce mémoire [2]. Il en constitue donc l'une des meilleures caractéristiques. Depuis longtemps les relations existant entre ces roches et le dipyre ont été signalées, mais de nombreux auteurs ont aussi attribué la production de ce minéral à l'action du granite ou à des phénomènes dynamométamorphiques. Pour tous les gisements que j'ai personnellement étudiés, je crois pouvoir rejeter complètement ces deux hypothèses.

J'ai fait voir d'autre part que, dans les régions pyrénéennes étudiées dans ce mémoire le granite est toujours antérieur à la base du jurassique inférieur dans lequel il se trouve en galets. Par suite cette roche ne peut avoir eu aucune influence sur le développement du dipyre dans les calcaires liasiques. Je montrerai prochainement en outre que dans les très nombreux contacts du granite et des calcaires et schistes argileux paléozoïques que j'ai minutieusement étudiés dans les Pyrénées, il n'existe jamais de dipyre, même dans les roches métamorphiques (schistes micacés feldspathiques) offrant à d'autres égards quelque analogie avec les types de contact de la lherzolite. Quant aux calcaires métamorphisés par le granite, leurs minéraux caractéristiques (*grenat, idocrase, wollastonite*) sont de ceux qui ne se rencontrent jamais dans les contacts de lherzolite. Le port de Saleix est fort instructif à cet égard en montrant à quelques centaines de mètres les uns des autres des exemples de ces deux catégories de roches de contact.

Quant à l'hypothèse de la production du dipyre par des phénomènes dynamométamorphiques contemporains de la formation de la chaîne pyrénéenne, je ne puis l'accepter pour plusieurs raisons. Dans l'Ariège (*Feuille de Foix*) les calcaires à dipyre abondent dans la brèche du jurassique supérieur dont le ci-

---

[1] Le dipyre abonde dans les Pyrénées comme produit secondaire formé aux dépens des feldspaths de toutes les roches basiques. Pour les détails concernant ce genre de gisement, je renvoie à ma *Minéralogie de la France*.

[2] Ces cristaux, atteignant parfois plusieurs centimètres de longueur, présentent généralement des formes nettes dans la zone verticale, ils sont très rarement terminés par des pointements distincts : a^1 (101) avec ou sans b^1 (112). [St Béat, Pouzac]. Très fréquemment les actions mécaniques, subies postérieurement à leur formation par la roche qui les renferme, les ont déformés ou brisés.

ment ne contient pas ce minéral. La formation du dipyre dans cette région est donc antérieure au jurassique supérieur. D'autre part, on trouve dans de nombreux gisements de l'Ariège des calcaires et marnes calcaires du crétacé (et notamment du gault) offrant une grande analogie de composition minéralogique avec les sédiments liasiques. Ces roches sont peu distantes des calcaires jurassiques à dipyre et reposent même parfois directement sur eux. Elles ne sont en contact ni avec des lherzolites, ni avec des ophites ; elles ne sont pas marmorisées et ne contiennent pas de dipyre. Elles ont été évidemment soumises aux mêmes actions mécaniques que les roches jurassiques qu'elles recouvrent et on ne comprend pas dès lors comment les mêmes actions dynamiques appliquées à des sédiments analogues auraient pu produire un métamorphisme énergique sur les uns et rester sans effet sur les autres.

§ IV. — COMPARAISON DES PHÉNOMÈNES DE CONTACT DES ROCHES SECONDAIRES PYRÉNÉENNES ET DES TRANSFORMATIONS SUBIES PAR DES ROCHES ALPINES EN DEHORS DE L'ACTION DE ROCHES ÉRUPTIVES.

Si je crois nécessaire d'attribuer les modifications minéralogiques des calcaires secondaires pyrénéens exclusivement à des phénomènes de contact de roches éruptives, d'autre part, il me paraît utile de montrer l'analogie que ces modifications présentent avec quelques-unes de celles qui s'observent dans des calcaires des Alpes occidentales n'ayant pas subi l'action de roches éruptives, d'après les savants qui les ont étudiés en place.

J'ai parlé plus haut de l'existence de cristaux d'albite dans les calcaires triasique du Mont-Jovet en Tarentaise et dans ceux de Villarodin en Maurienne, au contact de *serpentines* ou d'*euphotides* et de l'existence possible d'une liaison de cause à effet entre la présence de ces roches basiques et la formation de ces cristaux de feldspath. Mais en dehors de ces deux cas dont l'interprétation peut du reste prêter à discussion, il existe dans cette même région une quantité considérable de gisements de calcaires renfermant du mica, de l'albite, du quartz, etc., soit en cristaux microscopiques, soit en gros cristaux et dans les-de l'avis des géologues autorisés qui ont étudié cette région et en particulier de Lory, de MM. Marcel Bertrand et Termier le développement de ces minéraux est indépendant de la venue de toute roche éruptive.

Je n'ai visité aucun gisement de cette région, je ne puis donc discuter avec autorité leur mode de formation, mais j'ai étudié beaucoup d'échantillons provenant des plus célèbres d'entre eux (col du Bonhomme dans le massif du Mont Blanc, fort de l'Esseillon entre Modane et Bramans et enfin roc Tourné, près Modane), et je puis donner mieux quelques indications minéralogiques qui montreront leur analogie avec quelques-unes des roches de contact des lherzolites et des ophites. L'albite de tous ces gisements présente toujours le macle du Roc Tourné, qui, on l'a vu plus haut, ne manque jamais dans l'albite des calcaires pyrénéens.

Je dois à l'amitié de M. le commandant Ply, environ 150 kg. de calcaire à albite du roc Tourné dont j'ai pu faire une étude spéciale. Ils ne présentent à l'œil nu que des cristaux d'albite variant de 4 mm. à 2 cm. M. Ply m'a fait remarquer que la distribution de ces cristaux dans les calcaires est irrégulière. Ils paraissent être surtout abondants le long des fentes parcourant ces roches[1]. Parmi les échantillons étudiés se trouvent des filonnets de quartz, atteignant plusieurs centimètres d'épaisseur. Quand on les attaque par un acide, on constate qu'à leur contact avec les calcaires ils sont hérissés de cristaux d'albite qui s'implantent sur la paroi du quartz. Il y a donc liaison intime entre la production de l'albite et celle de ces veines quartzeuses et identité du mode de formation de ces cristaux d'albite et de ceux de dipyre signalés plus haut dans les schistes de Saleix et du Tuc d'Ess au contact de filonnets de quartz. On peut les comparer aussi aux cristaux de trémolite et de talc dont j'ai observé la production dans les schistes siluriens de Pitourless en Lordat (Ariège), au contact de filons de quartz[2], qui sont sans aucun doute d'origine hydrothermale.

En traitant par l'acide chlorhydrique près de 100 kg. de calcaire du roc Tourné, j'ai trouvé, dans le résidu insoluble, non-seulement d'innombrables cristaux d'albite, mais encore des cristaux de *quartz*, de *pyrite* et une petite quantité de minéraux lourds parmi lesquels dominent le *rutile* [cristaux allongés présentant les formes m^1(110). h^1(100), a^1(101), b^1(112) avec macles suivant b^1 et groupements réticulés], le *sphène* [cristaux jaunes atteignant 1 mm. à forme pseudo-rhomboédrique grâce à l'égal développement des faces[3] p(001) et m (110)], et enfin plus rarement de petits cristaux jaunes limpides et bipyramidés de *tourmaline* offrant la forme des cristaux d'Arnave. Le rutile se concentre parfois dans l'albite qu'il colore en noir, il s'implante aussi souvent sur les cristaux d'albite et de quartz.

Voilà donc plusieurs des minéraux caractéristiques des contacts pyrénéens formés dans des roches sédimentaires par voie hydrothermale et probablement en dehors de toute action de roches éruptives. Si du reste la proximité des roches basiques de la région de Modane laisse dans l'esprit quelques doutes sur l'indépendance, admise jusqu'à présent, entre ces roches éruptives et la formation de minéraux par voie hydrothermale dans les calcaires triasiques. Il existe dans les Alpes françaises des gisements analogues sur l'origine desquels il n'y a plus aucune ambiguïté possible.

M. Lory[4] a montré en effet que l'albite n'existe pas seulement dans le trias où elle est souvent associée à du mica et à du quartz, mais encore à l'état microscopique dans l'infralias (Champ près Vizille), dans le lias à Vilette en Tarentaise (elle y est associée à de la tourmaline) et même dans le calcaire nummulitique de Montricher près St Jean-de-Maurienne, etc.

Les septarias oxfordiens de Meylan sont bien connues pour leurs géodes tapissées de cristaux de quartz hyalin, de célestine, de dolomie dont la formation

---

[1] Il y a lieu de remarquer que tous ces cristaux sont intacts, ne présentent aucune trace de déformation mécanique, contrairement à ce qui arrive d'ordinaire aux cristaux de dipyre des calcaires pyrénéens.

[2] *Bull. Soc. Minér.* XIV, 306, 1891.

[3] pm (001) (110) = 117°30, mm (110) (1̄10) = 113°31'.

[4] *C. Rendus.* CV, 99, 1887.

par voie aqueuse et à basse température ne peut être mise en doute. J'en ai extrait par l'acide chlorhydrique un résidu assez abondant de petits cristaux de feldspath associés à de rares aiguilles de rutile et à de petits cristaux de pyrite.

Il n'est pas sans intérêt de faire remarquer que les associations minéralogiques qui viennent d'être signalées particulièrement dans les calcaires de Modane sont identiques ou analogues à celles que l'on observe dans la même région ou dans le Dauphiné dans des conditions filonniennes des plus caractérisées.

Le filon plombifère de Pesey en Tarentaise, situé entre les gypses triasiques et les schistes permiens, a fourni autrefois de superbes cristaux d'*albite*, associés à du *quartz* et à des rhomboèdres de *dolomie*. Un filon situé dans le trias aux environs de Moutiers [1] renferme, associés à du quartz, les aiguilles jaune d'or de rutile (*sagénite*), qui se trouvent dans toutes les collections françaises.

Enfin, les fissures des granulites de l'Oisans contiennent, on le sait, en grande abondance des cristaux d'*albite*, associés à du *quartz*, du *rutile* (et plus fréquemment de l'*anatase*) et du *sphène* [2].

Dans cette même région, M. Termier a récemment décrit [3] une très intéressante série de roches schisteuses qu'il attribue au houiller, au permien et au trias (massif de la Vanoise) et dans lesquelles les transformations métamorphiques ne peuvent être mises sur le compte de l'action d'aucune roche éruptive. Parmi les minéraux formés dans ces schistes et calcaires métamorphiques, un grand nombre (*rutile, tourmaline, feldspaths* (albite, orthose, etc.), *micas, chlorites, amphiboles, quartz*, etc.) leur sont communs avec les contacts pyrénéens, alors que d'autres en plus petit nombre (*chloritoïde, glaucophane*) sont spéciaux au massif de la Vanoise. Ces roches possèdent une structure schisteuse très caractérisée due au violent laminage qu'elles ont subi.

Pour M. Termier, ces roches ont été transformées par dynamométamorphisme, la chaleur nécessaire à leur cristallisation étant uniquement due aux mouvements orogéniques.

§ V. — CONCLUSIONS GÉNÉRALES.

Au point de vue général de l'histoire du *Métamorphisme de contact*, l'étude des contacts de la lherzolite apporte des faits précis permettant de rendre compte du mécanisme des transformations métamorphiques exercées par les roches éruptives.

Les sédiments à l'état normal étaient dépourvus de minéraux individualisés, autres que la calcite microcristalline et parfois un peu de quartz clastique ; tous les minéraux cristallisés qu'ils renferment au contact de la lherzolite sont donc bien d'origine métamorphique, et liés à la venue de cette roche puisqu'ils ne se

[1] Héricart de Thury. *J. des Mines*, XV, 401, an XII (1808).

[2] L'axinite, l'épidote, la préhnite qui abondent aux environs du bourg d'Oisans, se trouvent dans des gisements distincts de ceux des minéraux précités, ils tapissent les fentes des schistes cristallins et particulièrement des amphibolites.

[3] *Bull.* n° 26.

rencontrent qu'auprès d'elles, et d'autant plus abondamment que le gisement considéré en est plus rapproché.

L'influence de la chaleur fournie par la roche éruptive est nettement mise en évidence par ce fait qu'au contact de la lherzolite les sédiments ont perdu complètement leur matière colorante organique qui réapparaît à quelques centaines de mètres du contact.

L'impuissance de la roche éruptive à opérer des transformations métamorphiques par l'action de sa propre substance est démontrée par la nature des minéraux métamorphiques produits à son contact. Tandis que la lherzolite, très magnésienne est dépourvue d'alcalis, les sédiments métamorphisés, au contraire en renferment en abondance, ainsi que d'autres éléments, tels que le bore, le titane qui n'existent pas davantage dans la roche éruptive.

La roche modifiée a fourni une partie des éléments nécessaires à la formation des minéraux néogènes, mais beaucoup de ces éléments ont été certainement apportés des profondeurs sous forme d'émanations ou de fumerolles, ayant une composition chimique différente de celle de la roche éruptive. Leur action a été surtout énergique au contact immédiat de celle-ci, c'est-à-dire à leur point de sortie ; c'est là en effet que les roches sédimentaires ont été entièrement transformées en silicates, tandis qu'à une certaine distance de la lherzolite, leur action a été en s'affaiblissant, impuissante qu'elle était à transformer complètement la roche sédimentaire : plus loin enfin, elle s'est réduite à des phénomènes hydrothermaux [1] plus ou moins énergiques.

Il se passe donc en grand dans ces contacts ce que l'on observe en petit dans les calcaires drusiques de la Somma [2]. Quand en effet dans ceux-ci on étudie une cavité drusique, grâce à laquelle les fluides minéralisés ont pu pénétrer dans le calcaire, on voit que la paroi de celle-ci est entièrement silicatée : à mesure que l'on s'éloigne de la surface d'imprégnation, les minéraux métamorphiques deviennent de moins en moins abondants et changent de nature.

En terminant, je crois utile de faire remarquer ici les différences qui existent entre les résultats des travaux récents concernant le métamorphisme dans les Alpes occidentales et ceux auxquels m'ont conduit mes études personnelles dans les Pyrénées.

Dans les Alpes occidentales, en effet, une venue basique éruptive (*serpentines*, *euphotides*, etc.) peut être comparée au point de vue de la composition et de l'âge, aux *lherzolites* et aux *ophites* des Pyrénées, mais ce n'est pas à cette série de roches que MM. Marcel Bertrand et Termier [3] ont rapporté la production des minéraux métamorphiques des roches alpines auxquelles je fais allusion ici : on

---

[1] C'est ainsi par exemple qu'au Port de Saleix et au Tuc d'Ess, on trouve au milieu des roches métamorphisées et à plus de 500 mètres de la lherzolite des filonnets de *quarts* qui ne se rencontrent pas au contact immédiat de la roche éruptive, sans doute parce qu'au moment de l'intrusion, la température y était suffisante pour que la totalité de la silice exogène ait pu se combiner pour former des silicates.

[2] *Les enclaves des roches volcaniques*, p. 313.

[3] *Bull. Soc. géol.* 3e série, XXII-116, 1894, et *op. cit.*

a vu plus haut qu'ils recourent soit au métamorphisme régional, soit au dynamométamorphisme pour expliquer la cristallinité des intéressantes roches qu'ils ont étudiées [1].

Dans les Pyrénées, malgré l'intensité des phénomènes dynamiques qui ne paraissent le céder en rien à ceux qu'ont subi les roches alpines [2], j'ai pu constater avec précision que les *phénomènes de contact* jouent un rôle prépondérant dans la production des nombreuses roches métamorphiques que l'on rencontre dans toute l'étendue de la chaîne. Les minéraux qu'ils ont produit ont été souvent profondément déformés par les actions mécaniques postérieures à leur formation.

Il y a donc une différence caractéristique à ce point de vue entre les Alpes et les Pyrénées et cependant, l'analogie des minéraux formés dans ces deux régions, semble impliquer tout au moins l'analogie des réactions chimiques qui les ont produites par voie hydrothermale.

---

[1] En ce qui concerne les cristaux d'albite de beaucoup de calcaires alpins. Lory admettait qu'il n'y avait pas de relation d'effet à cause entre leur formation et les mouvements alpins. Cela paraît peu douteux pour le feldspath de Meylan et des divers gisements des environs de Grenoble.

[2] Dans mon prochain bulletin sur les *phénomènes de contact du granite*, je décrirai les remarquables phénomènes d'écrasement que l'on peut constater sur les feuilles de Foix, de Quillan, de Prades et de l'Hospitalet, dans les granites, les granulites, les schistes cristallins et les roches palévoïques métamorphisés ou non par les roches granitiques.

TABLE DES MATIÈRES

FEUILLE DE BAGNÈRES

FEUILLE DE TARBES

DEUXIÈME PARTIE

OPHITES

Etude préliminaire des divers phènomènes de contact

FEUILLE DE FOIX

FEUILLE DE BAGNÈRES

TROISIÈME PARTIE

RÉSUMÉ ET CONCLUSIONS CONCERNANT LES PHÉNOMÈNES DE CONTACT DE LA
LHERZOLITE ET DE QUELQUES OPHITES DES PYRÉNÉES

CHAPITRE PREMIER. — Lherzolites

CHAPITRE II. — Ophites.

CHAPITRE III. — **Conclusions.**

Laval. — Imp. et Stér. E. JAMIN, 8, rue Ricordaine.

www.ingramcontent.com/pod-product-compliance
Lightning Source LLC
LaVergne TN
LVHW012318170726
843503LV00002B/699